一成不變的日子裡，有沒有想過？

還能做點什麼呢？

雖然生活看來已經定型了，有許多想做的事情，

仍在心中躍躍欲試啊！

藉著創作的熱情，創造更多可能性！

花一點時間，

讓人生多些不一樣的改變吧！

年收百萬

自媒體經營術

一個人也能成功創業！

蕾可 Reiko ——— 著

自媒體經營者
必看的一本書

　　這兩、三個月，阿芳在與我合作二十多年的電視製作人的臉書上，陸續看到製作人跟蕾可在攝影棚的合照，阿芳不由得判斷，蕾可在經營自媒體之後，已經開始受到公眾媒體的通告邀約，有了更多元的曝光機會。

　　站在當婆婆的立場，阿芳心裡面有著一份開心，能夠做的事情就是私底下做了自己拿手的點心，送給製作人，謝謝製作人對蕾可的關照。這是阿芳以當媽媽的心情，所做的很傳統的婆媽事。

　　事實上，阿芳從年輕就走入電視圈在公眾媒體中工作，隨

著年輕人玩手機和臉書，也讓阿芳自己擁有了自媒體的平臺。由於這樣的經驗歷程，當我跳脫工作角度，純粹以當媽媽婆婆的立場看媳婦的工作點滴時，就格外替媳婦感到高興。

在電視圈裡有一句話：「是不是適合做這一行，要看老天爺給不給飯吃。」我想，其實經營自媒體也一樣，有機會走入媒體，機會只是一個開端！機會之後的點滴實作，才是存活下來的真正關鍵。自媒體的戰場在網路，網路像一片大海，人人都能跳下去，只不過跳下去的這個人，天生會游泳或者是靠後天學來的，穿的泳衣是華麗熱情或者是純樸瀟灑自然萌，帶著什麼樣的輔助器材，林林總總加起來，才能夠決定跳入海的這一個人，是否可以順利從汪洋大海中浮水而上，脫穎而出。

而且這個過程可能需要很長的時間，但也可能很短的時間就成就與爆紅，沒有一定的法則。不過，最常見的狀況是，跳下去之後從來沒有浮上來過，可以說是像滅頂了。

　　當蕾可跟阿芳邀稿寫序時，我知道我的媳婦應該是從這一片汪洋大海中浮頂而出了，而且有機會在陽光下展露自信去看看自己在這一段過程中歷練了多少。蕾可擅長以文字書寫，細膩描述生活感受，這些思想段落整理成冊，在今日付印成書。當婆婆的我，其實並不在意孩子是否能「年收百萬」，但我很開心看到孩子擁有這樣的能力跟勇氣，因為這一條路也是我走過的路，雖然我由公眾媒體走入自媒體，方向跟剛好媳婦反過來，但是箇中的點滴滋味，在我看完蕾可的書稿時，彷彿又把我拉回年輕的時光。

　　自媒體專業的身分名詞叫做 KOL，也就是關鍵意見領袖，在網路上有影響力的人。他們透過自己的經營，用屬於自己的風格，創造出源源不絕的能量，慢慢累積顯示在粉絲頁面上的粉絲人數，也轉化成自媒體經營者跟粉絲的黏著度，更吸引商業機制的目光，進一步讓聲量轉化成實際的 KPI 值。當然，實際的收入才能讓自媒體有精進永續的能力，看似人人都能夠輕

鬆入門的自媒體，其實一點都不容易。

　　年輕就是本錢，有夢很美，努力付出更實在。蕾可透過書中的文字，已經把這個行業中的細膩點滴詳盡表達，因此這篇推薦序，阿芳要用長輩看晚輩的立場，也用媒體前輩鼓勵和肯定後進的角度，把蕾可的這本書推薦給大家。

　　如果您正想認識這個行業，想當一個有 KPI 值的自媒體經營者，這本書中的每一篇文章和每一段描述，都是很好的經驗分享。

美食專家 蔡季芳老師

先開始再調整，
堅持是成功的關鍵

我在 2020 年 2 月建立了 Facebook 上的粉絲團，原因不是因為想培養粉絲，只是因為有好多股市投資的領悟心得沒有人可以討論，於是決定成立粉絲團把它寫下來，看看會不會有人與我產生共鳴，與我一起討論。

我的文筆並不好，如果要寫出漂亮的詞句，肯定一篇文章要寫好幾天，而且會愈寫愈挫折。還好我想寫的是理財資訊與心得，重要的是資訊的正確性，與一般民眾能看得懂的白話文，優美的詞彙是加分但非必須，所以我用覺得舒服輕鬆的方式，寫出想要表達的想法與觀念。

　　一開始總是最困難的，第一篇文章寫的小心翼翼，而且還沒有粉絲會回應你的文章，慢慢的文章增加了，粉絲數也緩緩增加，文章開始有了回應與互動，自己寫的文章看到了回饋，也成為另一種繼續寫下去的動力。一開始從一個禮拜一篇文章，慢慢增加到一個禮拜可以有兩三篇文章，隨著寫作的經驗增加，產出速度也跟著變快了。

　　建立粉絲團的時候並沒有什麼目標，純粹就只是想要有個地方可以發表自己對於生活理財投資方面的想法，根本沒想過要成為網紅，網美就更不可能了。很幸運的，在持續寫了一年之後，有出版社主動聯繫我，跟我討論寫書的意願，於是在一年後就出版了第一本著作《聰明的 ETF 投資法》並且在多個電台、網路、電視節目曝光宣傳，成為人生裡非常特別的經驗。

　　隨後，我寫的文章開始被更多人看到了，陸續有一些知名網路媒體想要轉載我的文章，有一些節目邀訪，甚至還有講座

與課程的邀約，發生的這一切都不是一開始成立粉絲團時所能預期的到的，人生的際遇真的很奇妙，常常就是從一個單純的出發點開始，堅持久了，就有許多意想不到的發展出現了。

第一次看到蕾可這本書時，才發現原來可以這樣經營啊！蕾可在書裡分享了她過去幾年經營自媒體的經驗與心得，還有許多需要思考與注意的地方，都給了我不少啟發。原來經營粉絲團，除了持續的寫作，還有這些小技巧，與心態上的調整。

老實說，在如今網路發展蓬勃的時代，有許多種自媒體平台可以運作，還能分成文字、圖片、與影音等類型，每個人都有適合表達自己意見與想法的機會與平台，我認為最難的是你能堅持多久，經營自媒體是一種創作、想法、粉絲、與能量的累積。

就從 1 開始，每天只成長 1%，70 天後才能成長一倍變

成 2，要再成長一倍變成 4，又需要另一個 70 天，若光看絕對數字，140 天才從 1 變成 4，成長速度看似非常緩慢，許多人在這之前就已經放棄了。但若能堅持 464 天，1 就可以變成 100，再堅持一倍的時間，維持每天持續成長 1%，第 1,000 天的數字就已來到 20,751，想再增加 20,751 只需要另一個 70 天，能持續再堅持 1,000 天後，數字即可達到驚人的 434,936,836（4.3 億）。

以上的數字代表的可以是你的粉絲數、曝光量、或是營業收入，雖然一開始辛苦的經營很累人，回報也不明顯，成長進度非常緩慢，可能會因大量的付出沒有獲得相對應的回報而感到氣餒；但只要每天或每週能進步一點點，堅持的時間夠久，後面的回報就會很明顯，且越來越驚人。若一開始就能搭配上明確的目標、正確的方法、與健康的心態，你的成長速度或許不會是 1% 而是 5%。

　　蕾可這本書裡發現滿多有用的資訊，譬如一開始就可以先做好規劃，清楚你想要帶給讀者、粉絲、消費者的是什麼，能持續提供的價值是什麼，能從粉絲反映的意見裡獲得什麼，然後找到在社群裡的價值，並持續提供粉絲們希望能從你這獲得的資訊、意見、商品，甚至是希望。

　　我認為蕾可給了非常重要的一個建議，就是建立別人學不來的風格。經營自媒體的人真的是非常多，經營同種類的人也一定不少，譬如經營旅遊頻道或美妝頻道，有的人可以經營得很好，但更多人經營很久也一直都默默無名，或許差別就在於沒有個人特色。

　　建立個人特色並不容易，有特色就自然會有人喜歡你，也有人會不喜歡你，如何堅持你想做的事情，又不被不喜歡你的群眾影響，真的是一門課題。書裡的最後一章給了很棒的建議，專注照顧你的粉絲就對了，不要為了增加粉絲數就迷失自己，

想要四面討好，最後反而失去了一開始所要建立的個人特色，你的習慣會決定你的品牌樣貌。

　　想要經營自媒體的朋友，我會推薦這本書給你，蕾可的經營經驗與建議，會給你很好的心態與起步方向，而且不僅是觀念，是實務上會陸續碰到的問題，這本書會值得你一讀。

財經專家　雨果

用自己的熱情
點亮生活，發熱發光！

　　我的心靈閨蜜，粉絲們與朋友的里長伯，就是蕾可了！打開自己的生活，給出全貌的自己！是美人、是熟女！？她感性與理性兼具。看不出來是三個小孩的媽（其實是兩個加一個音樂才子老公小穎）。認識蕾可已經好幾年之久，可以說我是看著她長大，是各方面的從無到有的長大。包含結婚和小孩，哈哈～～寫到這，我自己傻笑了！

　　八年前，因為發行人生的第一首歌〈皮在癢〉認識蕾可的另一半：小穎，就此種下緣分。從超瞎翻唱每一集、鴛鴦大盜、乾脆放手……等等！我的音樂歷程，有許多都是在蕾可他們家完成的。

看她一路從女子到人母，蕾可真可以說是我的心靈閨蜜！（再次強調。）每一次錄音的時候，總是跟她從地表聊到宇宙，最後再聊到宇宙以外的多重宇宙～！🤣

這過程中，我們也參與了彼此最低迷的時期，互相支持！她是個好閨蜜，也同時像個里長伯一樣，每一次她總有吃不完的東西跟好貨與我分享。你能想像，我們在他們家裡的錄音室裡錄音，蕾可就在外面直播的畫面嗎？

當我們在裡面工作，常不經意看到蕾可用煮晚餐的時間，上線和她的「線上好友們」同樂！這就是她的日常，她喜歡的事情。因此，我們工作結束還有口福，品嚐她的手藝，偶爾會充當我們歌曲女合音！沒錯！我們就這樣，不按牌理出牌的，經歷了一段又一段又ㄎㄧㄤ又瘋狂好玩的經歷。

　　約莫幾個月前，收到蕾可訊息跟我說～她快要要出書了。哇！當時我超級期待！也超級興奮。沒想到她這個人做事速度之快～說到做到！轉眼生出了新作品。

　　為何我會這麼震驚呢！前面說到我們曾經陪伴彼此，渡過一段漫長煎熬的卡關，為了改變低潮不前的困境，我們一起鼓勵對方，設定了一些激勵自己的人生目標！

　　然而，她做到了！！對身為閨蜜的我來說，這是一件令我們非常值得慶祝的事情！不單如此，蕾可總有許多超乎尋常的想法！許多人經營社群，常想到要怎麼經營寬度？（增加流量）；但蕾可想到卻是用心經營深度，把社群裡的朋友，當成真實朋友般，分享日常，同好共勉～打開自己，分享生活中的大小事！

　　在一個眾多自媒體崛起的年代，我觀察到有個常見迷思：就是許多人總習慣做別人喜歡的事得到他人喜歡！卻不是真心

樂意在做喜歡的事情。我認識蕾可一路以來，她就是打開自己各個面向，述說她的生活，經營自己喜歡的事。想書內提到的：用歡喜的心做事，做久了就能吸引喜歡妳的受眾，是充滿能量與影響力的。就蕾可形容的：經營社群就如同一張名片，我們怎麼認識自己、怎麼了解自己、怎麼展現自己？

在經營社群行之有年的我看來，是相當重要的一環！對於想要起步開始經營社群，或者目標是成為 KOL 的人來說，如何開始，該怎麼選擇？透過蕾可娓娓道來的經歷與故事，絕對可以幫助你（妳），在毫無頭緒時，走出迷霧，撥雲見日。

無論在現實或是網路的虛擬世界裡，依循自己的內心、滿懷熱情，用心感受每刻當下！

全方位藝人　展瑞

看見自媒體時代裡的真功夫

　　跟蕾可的相遇其實是妙不可言的，在沒有約好的下午時光，朋友隨興而至的引薦，是經紀人帶著蕾可一起到來的，雖說是第一次見面，經紀人的面面俱到又不失溫婉真情，身邊帶著靈動活潑又直率可愛的蕾可，實在是令旁人會心一笑的絕妙組合。「跟凱爺報告，我今年年底會出一本書唷！」蕾可興奮地跟我分享喜悅。「這麼巧！？我的書也安排在八月出版，不知道你是哪一家出版社？」我回應著。「是時報，我這本書是請時報文化出版的，很謝謝經紀人幫了很大的忙，我真的不知道我有沒有這個能力，是大家鼓勵我……」蕾可慎重其事地跟我報告這本書的源起跟那些溢於言表的滿滿感謝。我笑答：「那真的很巧，我也是給時報出版。」

　　「如果你真的寫好了，需要一個推薦人，不嫌棄的話，我願意幫妳寫序。」「真的嗎？那我到時候一定會來找哥幫忙推薦的！」蕾可開心地像個孩子大叫，瞧著這孩子的神情，興高采烈地感謝著。

　　但其實蕾可不知道的是我並不輕易幫人推薦，其中的第一道關卡是我不推薦我沒有看完全本的書，縱使看完，過往與我溝通過的出版社也會先被打預防針，也就是如果我看完覺得不值得推薦，我就不會為文推薦，甚至我也不願意掛名推薦。蕾可這次選的主題《年收百萬的自媒體經營術，一個人也能成功創業》說實話，不是一個太新穎的題目，也說不上是個好寫的題目，因為自 2019 年起，全球浪潮便掀起了一波訴求小而美的經營趨勢，如 Paul Jarvis 的一人公司、何則文的個人品牌，到近年引起熱烈討論的自媒體內容創造流量，如許榮哲的故事課系列書籍與李洛克的個人品牌獲利，都再再顯示這個領域日漸紅海化，一位才初入自媒體經營領域，或者是說 KOL 資歷不過

寥寥數年的蕾可，到底有什麼過人之處？

依我淺見，首先，這本書是少數聚焦在如何做 KOL 的心法書，有別於其他的書籍涉略領域廣大，舉凡涉及個人品牌經營的種種，如：藝人、部落客、網紅、網美、團媽、YOUTUBER 與 PODCASTER 等，以同一而論的方式併述，但這本書精準聚焦在——想透過自媒體經營清楚定位族群們，也就是眾多自媒體類型中，相較起來最注重轉換的一種，說明白點，就是真功夫，硬底子，空有袒胸露奶的流量，若無法轉換，其實都是一場春秋大夢，醒來皆空。其次，蕾可開始操作自媒體時，早已是 FACEBOOK 自然觸及率極低，沒有流量紅利的網路廣告費高漲時代，也因此每一個粉絲都是要真心實意「交關」贏得的，也因為得來不易，自然關係忠實的如鐵打一般。

最後，就是經營自媒體的目的，賺錢優先，自由至上，以蕾可粉絲數才區區兩萬人，但卻能創造驚人的銷售佳績——高

客單價、高回購率，這都是在日常扎實勤練基本功之下，所得到的圓滿成果。這樣的辛勤不懈，除了為自己賺進穩定年薪外，亦同時兼顧了家庭、孩子與個人成就，再進一步言明，她也獲得了心的自由；人心一旦自由了，就能成就自性的太陽，成為眾人的光芒。心法，之所以稱為心法，便是萬變不離其宗，如果您想學習如何從零到穩定經營，建立屬於自己的自媒體舞台，或是想在自媒體經營領域中出類拔萃，抑或是已是經營多年的自媒體老手，卻屢遭挫折，退意萌生，我真心推薦這一本書給您，或許它會成為您的人生轉捩點。

最後，也祝福所有因緣俱足的讀者，能隨喜自在地享受著蕾可為大家精心安排的學習旅程——創、造、營、修、維；自媒體之路也是人生的一種修行法，唯有待人以誠、予人為善，律己依理，常思感恩，才能財智雙收，諸事圓滿。

品牌行銷專家 唐源駿（凱爺）

轉念是人生卡關的方向盤，重拾熱情化身人氣網紅

打開電腦螢幕寫序，終於有種唱完副歌激昂，轉而回到娓娓的前奏，同時也緩緩收尾！也許它不是最完美的，但卻是我最由衷的呈現。

「年收百萬」並不是我喜歡的陳述方式，但以出版經驗較豐富的提案來說，把吸睛的標題亮出，能讓讀者有了翻閱內容的興趣。「年收百萬」是見仁見智的解讀，它是個好結果，讓我能得以將這段人生實記成冊出版，與更多讀者分享，但絕非一筆帶過重點。若未讀內容或未對作者有所了解，很可能會抹煞掉作者重要的「理念」與「心力」的。若是隨著我的文字，輕鬆品讀整個自媒體旅程，就會知道，收入數字僅是量化的成

績，不全然是本書表達的重點，僅是數字淺白易懂而被放大。書中自有黃金屋，有如踏入自媒體帶來的成就感與樂趣，因而認識更多的好朋友，收穫已遠遠超過數字能衡量的。

　　序，總放在書本最前面的開頭，卻留在交完書稿後書寫，隨著每一章節的前進，等待著這一刻到來，以一種「為自己寫下的的第一本成品，悉心打理好將它送出去。」的情感，半年多來的埋首趕稿，在工作與家庭之間與時間賽跑！

　　我很喜歡看書，也夢想寫本書，但有機會開始寫書時，才體會到現實有多艱鉅（笑）。當我要起筆寫第一篇時，光是第一句就卡關一個禮拜！寫了又刪、刪了再寫、寫了再改；內心糾結著到底要寫一本專業的工具書，還是容易閱讀的經營故事。後來，我決定寫「心法」與「經歷」，買過許多社群經營的工具書，功能多又強大，但是，做得好不一定做的久，也沒有固定的模式「合適」每個人。

找到做一件事情核心價值，才能持續發揮熱情，只要這種「心念」誕生萌芽了，就好好照顧它！每個人所拿到的種子，都不盡相同，也許有人輕輕鬆鬆澆水，就會茁壯茂盛！也有怎麼樣都不見動靜的。這跟養育孩子一樣，並沒有一定的方式，保持「打從內心喜歡」的心情去做，它是會很有能量的。

比照現在看到活潑開朗的我，您可能很難聯想到，在開粉專的前兩年，我正經歷著產後憂鬱的歷程。當時在我眼裡的世界，看什麼都是黑白的。以往能讓我開心，滋養內心的事情都變得無能為力，被盤踞不去的烏雲罩頂。那時我才知道，對任何事情都沒知覺不感興趣，是如此恐怖又揮散不去，即使感覺到自己正在崩塌，就算不想這樣，就是改變不了現況。最常呆坐看著窗外出神，看到莫名其妙就落淚，無法言喻的悲傷。終日食不下嚥夜不成眠，「什麼是低谷？什麼叫做黑暗？」我就在那裡。

某天，勉為其難接受好友的拜訪，他看看我，蹙起眉頭，

　　語重心長的告訴我：「妳不是這個樣子的！妳是我們的小太陽，請妳走向我們，接受人群，接受愛、接受快樂。」之後的每一天，我都告訴自己，生病了沒關係，一定要讓自己好起來。

　　我開始做些以前喜歡的事情，不停地讓自己感受美好。從有氣無力的讀半頁書，隨筆畫幾筆就乏了；只要有變好一些就好！當時的我，有種逐漸重生的奇特感覺。經歷一年後，我靠著書寫文字、創作音樂、重回運動，健康與氣色也慢慢恢復了。當我再見到那位朋友，兩人幾乎是相視而泣！

　　大風大浪還未完，經營社群剛有點起色，我被診斷出得了癌前病變。原本該是不小的打擊，但念頭一轉，反而思考起該怎麼應對眼前這個關卡，調整自己的心情，就像當初重新振作一樣，不再拚命消磨自己，勉強自己當一個面面俱到的「超人」。

　　人生，就是無數個無可限量的明天！別放棄自己對生命的

熱情，人生中除了眼前的難題，還有其他許多美好的事情，永遠都不要設限，儘管勇敢的發願向前。

　　印象最深的是，社群中有個好友，與我一樣得到「癌前病變」，在她準備動手術的早晨，忽然有感而發的傳訊息給我，告訴我説，等她好了，也要像我一樣獨自去旅行，做自己喜歡的事情，我當時很訝異，何德何能可以讓一個朋友獲得那麼大的能量？（笑）在某個層面上來説，這就是社群經營人的影響力啊！不容小覷。好的事物可以透過人數的倍率被放大，就像當初朋友給我的溫暖一般，以不逆於心的方式過生活，重拾了信心與快樂，藉由自己親身的故事，鼓舞更多的人，找對方法！走對方向，無論是生活或是社群，都要經營得有聲有色。

　　謝謝我的經紀人月琴姐，在寫書中的給予幫忙與鼓勵！讓我順利抵達「出書」的里程碑！雖然過程數度卡關，腦袋打結，但不得不説，用盡全力爬上山頭，努力過後獲得的成就感，實

在太.棒.了！謝謝出版社的總編與編輯們，一個人做
的程度有限，一群人創造無限可能！您們是本書背
後的最大推手，謝謝您們付出的辛勞！謝謝我的爸
媽與家人們的全力支持！做我最強的後盾，理解我
老不走尋常路，您們也總是樂見其成！為我
加油打氣。

　　謝謝我的親友，社群的所有好友
們！人生在下坡時的碰撞與停滯，都
會成為在再度往上邁進的力量，您們看
過我的沮喪、看見我的奮發，謝謝您們的愛
與陪伴！這份喜悅與您們共享！期待下一個
不一樣。

蕾可 Reiko

目錄

Chapter **1**

創 ——展開你的自媒體旅程

人人都能上手的社群經營，帶你找到個人品牌定位 030

Chapter **2**

造 ——建立別人學不來的風格

打造自我風格與吸睛印象兼具的內容 096

Chapter 1

創

展開你的
自媒體旅程

人人都能上手的社群經營 帶你找到個人品牌定位

在 2004 年 FB 甫成立時，其主要訴求是能讓使用者能與親友保持緊密的聯繫，同時在訊息交錯中發現感興趣的事物，提供每個人都能分享個人資訊，將其串連成一個網路國際村。

在我們身處的這個時代裡，你有沒有發現？**「社群帳號」就是現代人介紹自己的名片。**

以前在工作上認識新的人，或是在生活中認識新朋友時，初次見面時總是會禮貌的遞上名片，現在卻不一定要這麼做了。因為無論是工作或是交友，人與人的交往方式，已經沒有「一定得見面」的必要性。從 2021 年疫情爆發之後，這個轉變更是

直接也最明顯。例如：許多的課程、講座以及活動都改以線上
通訊的方式進行。不少朋友也因應防疫政策關係，留在家處理
公事，不需親自到公司上班了。在線上活動中，我們未必和講
師、同學或參加者真的見到面。奇妙的是，只要一起上完課程，
有過一些互動，大家就會覺得有基本的認識了。

▶▶ 社群平台就是你的名片

　　以前我們總會覺得見過面，一起吃過飯聊天，這才稱得上
是朋友！想跟朋友約見面，有時得喬好久的時間，好不容易約
好時間，很可能已經是下個月的事了，當初想跟他講的事已經
過了時效。今非昔比，現在只要是在網路上經常互動或曾經聯
繫過的人，就能算得上是「熟朋友」了。如今的資訊發達又即
時，想跟朋友連絡感情時，開視訊或網路通話，都是普及又方
便的工具。

　　現在有了社群媒體，可以很快地讓朋友們知道自己的生活

近況和個人想法。同時，也能快速地接收、找到想要的種種資訊。數十年來，科技爆炸帶來的嶄新觀念與相處模式，開啟了「宅」的風潮，而且還宅出新高度！科技讓環境瞬息萬變，也讓大家變得更忙碌了！沒時間向別人一一介紹自己，別人也沒時間慢慢去認識你，如果你可以把個人資訊或是日常生活點滴，做成紀錄放在社群媒體上，就能讓主動想了解你的人，從內容中對你有初步的認識。

創造自己的個人專頁，放上公開網域上，就是讓別人率先看見你，最快的方式。

從社群中觀看你的，不只是真實生活的朋友、未見面卻知道彼此的人，或是恰好路過的使用者，甚至，未來可能跟你接洽的品牌、客戶，也能透過社群媒體找到你。於公於私，無論目的是單純想敘述自己，或是日後想朝著經營社群方向發展，**只要打開電腦，選擇出發的平台，創立一個帳號，就是進入社**

群經營的第一步！

▶▶ 我的第一個網路個人品牌

分享一則，我大學時期以「個人」創造「品牌」，產生社群影響力的經驗。

那是上大學前的暑假，網路還在撥接的時代。某天，親戚們來我做客，表哥在我家上網後，留下了一個電子報訂閱的網站，對於準備要南下去讀書的大學新鮮人來說，讓人眼睛為之一亮！這是什麼？這是什麼？在好奇心與無聊的驅使之下，沒多久我就在網站上申請了一個帳號，在上面可以寫下自己的日記，若是有人訂閱你的帳號，將會在更新的第一時間，在電子信箱中收到通知信，相同的，也可以訂閱別人的日記。

剛到南部唸書的我，在還不習慣校園新生活，也沒有幾個認識的朋友的時期，每當收到電子報寄來的時候，就會有種收

到某個朋友 mail 來信的喜悅。（雖然不是，電子報是發給眾讀者的，人人有獎哈哈）卻在異地人不熟的情況下，成為我那時溫暖的陪伴。

　　由於去南部唸書也是想要背離爸媽的管教，我一時興起，當起了報台主，洋洋灑灑寫起了「大學生的中二日記」。內容在抱怨爸媽，抨擊教育體制居多啦！討厭早八上課，不想跟不熟的同學同一組報告……我想現在的自己看到那時寫的東西，應該會既尷尬又傻眼，哈哈！不過，情緒卻很真實，活生生就是叛逆期女孩的大學日記，然而看的人應該會覺得很舒壓吧！

　　回想起來，現在的我和當年少不懂事、自己為是的我，有著相同的回憶在那裡。意外的是，訂閱我電子報的讀者，居然是出社會的人士居多！（因為後來有些讀者會寫信給我。）

　　一寫就寫了三年，經歷好多人生大事，包括：爺爺過世、

宿舍失竊、考試睡過頭，哭哭笑笑的在鍵盤上敲下許多情緒還有故事，這些讀者跟著我一起度過人生起伏，日子久了，他們成為我的一股支持力與傾聽者，甚至還出現在我的現實生活中，有一次寫咖啡廳掉了鑰匙，有讀者特地跑去幫我找，最後我們見到了面，還成為朋友。

▶▶ 用網路聚集人氣，創造收入

直到大二那年，因緣際會加入熱音社玩樂團，我將自己打扮得很有特色，黑色的長髮，長長的眼線，走日系搖滾的路線，臉上還畫著紅色的愛心！這就是我辨識度極高的個人造型，甚至，還為自己設計了Q版頭像！

除了分享心路歷程之餘，陸續有讀者寫信詢問我表演時間，想要來參加活動！在當時，應該是少數有在使用社群經營的樂團吧！誰知道這個突然的人生轉變，變成見面的契機。每當有表演就能率先聚集到一群忠實觀眾（鐵粉），逐漸累積出知名

度。接下來，還有觀眾表示想買有我 Q 版頭像的周邊產品，於是我就請家裡開印刷廠的同學，幫我與將臉頰紅色愛心的塗鴉印成貼紙！只要表演時，我看到台下有臉上貼著一樣紅心的人，就知道他們是我的鐵粉，便會請他們上台跟我一起唱歌！玩遊戲！所以每次的表演都不怕沒人氣！粉絲也覺得這樣的互動非常有趣，成為了我與他們之間心照不宣的默契。

　　這讓原本沒什麼人參加的熱音社，在我畢業前到達歷任最多社員，社團財務狀況最好，還有機會幫知名樂團的大型活動暖場，甚至獲得每週在公家單位的咖啡廳駐團表演的機會，得到穩定的演出與額外收入（後來我都不用去打工了！）一切都是因為大家對這個「角色」的熟悉度。

　　我不一定是唱歌表演最厲害的，卻是容易被記住的！這樣的設定與形象，就從「角色」成長為「個人品牌」，一開始的動機只是想要寫寫心情，卻成為有經濟效益的「職業」。無論

你的出發點是要表述自己，或是以經營成為事業體為目標？都可以看看我的經驗與心得。

▶▶ 再創網路個人品牌

前幾年，我無意的在網路上開設粉專，想利用零碎的時間寫寫自己的生活，結果，意想不到又一腳踏入了「社群媒體」產業，創造了人生第二個個人品牌。（所以，做自媒體很難嗎？先做就對了！）

可以問問自己，在設定社群帳號前：你想被看見的是什麼樣子？

我喜歡用角色設定來形容「創」這一步。只要清楚表現出你的優點與特質，讓看過的人一眼難忘，就能加深初步印象！勾勒出自己的記憶點，有助提升你的社群中的能見度！這對未來許多面向的經營，是非常重要的第一關！規劃好自己的設定，

能讓角色定位在社群中更加明確。

　　經營社群平台，除了讓自己能在網絡上被看見，在表達與書寫上，必須醜話說在前，特別提醒大家一點，無關於自己本身的，像是家人與朋友，要先做到尊重他人、拿捏隱私。我看過許多例子，起初只是為了想表達自己，接著開始把全家人的大小事都公諸於世，日後反而衍伸出問題與衝突。

　　我建議應該拉出一個範圍，讓你的生活，並非無止境、無極限地被所有人看見。**所謂展現更貼近真實的樣貌，是以自己本身為主軸，別任意消費旁人的感受與私事，拿來當作博眼球的素材，絕對會使自己的生活雞飛狗跳，得不償失。**

　　確實，你我的日常總是差不多，透過社群平台分享自己的生活，進而獲得相同的反饋時，就不會覺得心事誰人知，反而能感受到理解你的大有人在。像這樣互相分享的過程，朋友更深入認識了你，朋友同時也療癒了你，雙方都能得到鼓勵和認同。

▶▶ 單純分享就能打動人心

單純分享自己的故事，不停累積著這樣的小事，自然地的在網海茫茫中，凝聚了圍繞你的「同溫層」朋友，觀眾齊聚的力量便能帶來發言的聲量！既然我那麼愛講又那麼愛寫，不如創造一個粉專，即使不曾見面，但喜歡聽我說話、敘事風格的朋友，就能有機會接觸！就這樣，起心動念，有了想要寫故事給更多朋友看的念頭！

所以，一開始的構想是很簡單的！首先問問自己，有著什麼樣的特點呢？想得更深一層，你有沒有既熱衷又有一番見解的事物呢？你的生活都是如何在運作呢？

如同呼吸空氣一樣，**持續將擅長的事情，與個人連結一起，最後的總結就會形成「個人品牌」！**這也是本書要告訴大家的，如何將「個人」變成「品牌」，把「興趣」變成「職業」，創造另一種新收入。

　　社群經營真的不難，只要你是個樂於讓大家認識你、喜歡創作且帶有個人風格、不害怕讓大家把目光聚焦在你身上的人，就非常適合經營社群，有計劃的踏出腳步，跨越它的基本門檻是很容易的！

　　首先把自己「名片」做好，放到大家可以看到的地方。總有一天你會知道，這個簡單的動作，背後帶來的收穫遠比你以為的還多。

該從何開始著手

　　一開始「創」這個階段的設定，我一定要告訴你！愈像自己愈是自在，也較能貼近現實，發揮出屬於自己的特色。請先記住**創建三步驟：取名 - 制定 - 實行。再慢慢看我怎麼一路走來的。**

▶▶ **選好社群平台，準備出發**

　　你應該會感到好奇，網絡上有那麼多知名的社群媒體，如：Facebook（FB）、Instagram（IG）、Twitter、YouTube、 網 路論壇（PTT）、微博、抖音等等。為什麼我選擇從 FB 的粉絲專頁開始經營呢？而目前在台灣最普遍使用的社群媒體平台是FB、Instagram 和 YouTube，曾有朋友問我為何不 3 個都經營？

這樣一來不就可以面面俱到，能見度大幅提升，就可以快速成長！

自從見過朋友遭遇到瓶頸期，在多方思考後，我選擇 FB 的「粉絲專頁」當首要出發點。我發現，身邊的朋友絕大多數擁有臉書帳號，粉絲專頁就是個人臉書的進階版！基本上，只要擁有臉書帳號，就可以直接加入。這樣一來，引導大家轉去衍生的平台時，不只沒困難度，也沒有什麼衝突感，只是換了一個能見度更高的頻道，繼續收看我的文章。

此外，如果你和我一樣是素人設立的粉專，平常可以在自己的帳號上，試著練習活躍，先試著做個人帳號再提升到粉專，操作起來會較得心應手，畢竟從自己的圈子先經營起來會輕鬆許多。

其實，在粉專開創後一年，我想過要不要拍些影片，但是

跨足 YouTube 的話，剪輯後製需要花很多時間，我無法讓影片固定產出。想起某位朋友差點把自己與家人搞瘋的先例，就量力而為的暫停 YouTube 的經營，專心於穩定產出粉絲專頁的內容。因此，建議創立粉專後的一年半載，別急著跨平台，多花點時間，摸索出最適合自己的運作方式。

▶▶ 粉專名稱就要簡單俐落

　　接下來就是要構思粉專名稱了，其實不難。只要**用淺白的字眼，俐落的描述特色，以重點勾勒出粉專內容的主軸及走向。**

　　一開始，像我家這樣全家皆男性，萬綠叢中一點紅的組合，讓我常戲稱自己簡直是住進了「男子宿舍」。我呢，就像舍監一樣，維持整個家的運作，根本就是掛牌的管理者嘛！所以我把自己的名字「蕾可」，加上會令人一目了然的特色「男子宿舍」，就成了粉專的雛形──「蕾可家男子宿舍」。人都還沒走進來，光看名稱，就知道葫蘆裡賣什麼藥了！還知道主要經

營者是誰！這就是標準的「人＋物」取名模式。若是一開始不知道怎麼命名，就會卡到天荒地老，建議各位先用這樣容易的起手式進行。而且以人名為主角，讓觀眾看了更能拉近和你的距離。

　　但如果你要創的是「公司」或是「做生意」的粉專，那就要反過來以你的觀眾族群型態來考量。舉例來說，我要開一個7-11的粉專，這是一個以「物」為主的粉專，不是以「人」為主的粉專，而且滿街都是7-11，那就要思考這家7-11需要經營哪些人？如何顯現特色？畢竟商店跟我們不一樣，它們是不會自己產生個性的，這樣才能增加記憶點與獨特性。

　　假如剛好旁邊是華江市場，那我大概就會取名叫做「華江市場旁邊的7-11真好」是不是好記又帶有笑點！還瞬間就多了一份親切感，連商家口號都順便置入了！這樣一來，這家7-11就會比「7-11華江店」還令人期待是不是會有什麼特別的表現。

> 創，就是一個從無到有的過程，如果開始設立的定位準確，那麼後續經營就會很流暢，需要改進或是轉變，可以在開始經營後，有了比較明確的想法與規劃，再做改名與調整就可以了！

▶▶ 好招牌（粉專名）的吸引力

經營的第一年，我無意間發現個有趣的狀況。社群中有許多喜歡看我文章的媽媽，居然是女寶媽媽！她們告訴我，實在很難想像家裡都是男生，究竟是什麼情形？直到追了我的文章後，常常內心暗嘆：「還好自己生的是女生。」（大笑）我想啊，掛的這幅招牌也算有吸引力，只要對男子宿舍生活感興趣的，就會進來參訪啦！

因此，不只是相同的處境與生活型態能互相產生共鳴，只要是對這樣的「主題」有興趣的，都將會是走入你粉專中，收看你分享內容的朋友！而她們也讓我知道，女寶媽們的世界，又是完全不一樣的面貌！所以，創立社群多有趣啊！開拓了我

在人群中的能見度，跨越了地區限制，和遠過平常生活會遇到的朋友彼此交流訊息，大大豐富了我經營粉專後的生活。

　　若你的個人帳號原本就有在運作，但平常就在沒什麼發文，或是發文都沒什麼人會關注或跟你互動，就必須開始檢視問題出在哪裡？適時做調整與修正是很重要的。不然，除了意外爆紅的情況下，現在的空乏就可能是未來你經營粉專的寫照。

　　以我的經驗來看，從個人臉書轉至粉絲專頁時，只能篩選到其中跟你磁場相投，熱愛你發文的那群朋友。當時，我的臉書上還有 1 千多位臉友，導到粉專後只剩 350 人，原以為自己人緣很好，導過去才發現其實還好（笑）。前面提到了，這已經是我認定轉換率最好的做法了，而跟著我的朋友為什麼卻沒有想像的多？

　　要找出原因，首先，就要對粉專裡的「受眾」（網路群眾、觀眾的通稱）進行分析。

　　分析的結果是，我大部分朋友都未婚未育，而我的粉專與個版內容不同，主要都是寫親子，寫作風格也溫和柔軟許多，他們對媽媽生活沒有太多興趣，覺得原本那個辛辣好笑蕾可的我，是去了哪啊？與其如此，還不如待在我的個人臉書。

　　這時才發現到「發布的內容」就是堆砌在平台的一磚一瓦，怎麼收穫還要怎麼栽，逐漸形成自我風格，就像一間房子一樣，擁有它的氛圍面貌。後續來到你粉專的，就不僅僅是你原本的朋友了，怎麼運作，就會吸引何種受眾留駐其中。

　　起初我也沒有太多頭緒，思考該怎麼表現這個粉專，甚至連拍影片都嘗試過了！還是老話一句：「萬事起頭難，盡力而為。」要是太過於吃力的，就先別嘗試了，何況這時還稱不上

是一份工作呢！千萬別一起步就沒方向的忙，把自己搞得灰頭
土臉。

▶▶ 內容產出別想得太難

關於內容的產出，我的建議是**善用生活零碎時間，用不吃
力的方式開始。**

我擁有「愛説笑」的人格特質，加上在家育兒的媽媽角色，
組合成了獨特的鮮明視角，讓我看到的世界，多是淚中帶笑，
苦中作樂的！（哈哈哈）粉專的好友都笑稱，自己像觀眾，走
入了我的人生電影院，透過收看每一集平台發布的故事，認識
我的世界，走入我的生活圈。

例如：某天我推著推車帶小孩出門，不料路上竟突然下起
雨，帶著孩子冒著雨，沿著路找尋避雨處，內心感到無助的時
候，有個陌生人見狀走過來，遞了一把傘給我。突如其來的善

意，讓我的內心充滿感動，也會讓我感受到社會對媽媽的溫暖。

　　回家寫下那篇生活感想後，朋友們紛紛發表了各種回應。有的朋友也遇過一樣的事，想起當時的情景竟然看到哭了；有的朋友遇過好心人，在雨天幫忙抱著孩子的她，把推車搬到公車上等等。每個接受過類似善意的媽媽，肯定都會對這樣的事情充滿感觸。

　　我不只寫小孩、寫婚姻，還有身為人母人妻的甘苦談，我習慣把這些苦水轉化成笑料，使得原本哀聲嘆氣的談話，最後都能在哈哈大笑中收尾。

02

把握經營三元素： 平台、受眾、風格

♥ ♡ ▽ ⊟

　　隨著發表文章的次數愈來愈多，粉專好友與我的互動就愈來愈密切。我也學會從後台的工具看數據，也逐漸了解粉專好友們的輪廓，這是他們概略的特徵：

- 主要是 35～45 歲，其次是 45～55 歲的女性，占了 9 成。
- 分布遍及北中南各地，中部居然是比較多的。

　　大部分的女性都喜歡看些什麼題材呢？在育兒生活中，不斷聯想可以分享的部分。當經營了一段時間，想要增加風格，或是試圖要轉型時，受眾的樣貌就是「喜好」與「接受度」的參考指標了。

　　以我為例，過去，我的工作是彩妝保養講師，時常有學生向我詢問肌膚問題，每一問就要回答一遍，怕麻煩的我起了一個念頭：「如果一對一回答，下次如果又有人問就得再講一次，不如寫成一篇文章好了！」我把自己以往的專業寫成文章，或製作成直播（後續會提到）分享。

　　以往在個人臉書上，朋友大多只知道我當彩妝師，對我的工作專長並不是很了解，沒想到我將關於肌膚保養的文章一公開，就讓我被冠上了「保養專家」的專業！哇！原來，自己居然有能力可以影響別人的選擇！我的粉專就在原本育兒路線上，又打開了一條新道路，好友們的回應很踴躍，讓我無心插柳，開啟了一個新主題。

▶ 素人也能開粉專

　　經營到現在，最多粉絲問我的問題就是，如果是素人，應該要創粉絲專頁嗎？能做得起來嗎？如果不紅怎麼辦？ 嗯？只

要你試想，每個明星、網紅，在發跡前誰不是素人呢？哈哈哈！

　　與其讓這些預想帶給自己莫大壓力，擔心這些問題，不如先問自己，在社群上當個探索家，進入科技帶來的新世界，是不是件值得親身一遊的好玩事？我身邊有許多小有名氣，來自各平台的社群經營者，為了夠維持一定的流量（受眾的觀看量），還能穩定向上成長，就只是**找到自己喜歡的事，持續的做並分享！經營，就是成為一種習慣。**

　　如果你是一個熱愛美食，看到食物就忍不住手癢想拍照、評比的人，那肯定很適合創美食粉專！不用任何人逼你，你都會熱烈分享發文，這個自發性的行為，就是關鍵！定時發布才能讓群眾習慣接收你的專屬資訊，要是有受眾告訴你，沒看到你的更新就渾身不對勁！恭喜你，成功一大步了！

　　在創建之初，紅不紅不是重點，穩紮穩打的累績好內容的

產出，剩下的就交給操作技術，找到提升能見度的方式，社群的操作主要訣竅，就靠這幾個要素去運作的。

▶▶ 快速增加粉絲的好方法

那麼，若想要快速增加能見度，是否要找個知名度更高的經營者合作呢？

確實，與同樣的社群經營者合作，是很好的想法！是可以增加受眾人數的方式。例如：我們會看到歌手同台，雙方的粉絲感到開心；許多 YouTuber 互相 feat、一起拍影片，讓彼此的平台互相串連，甚至聯名合作，就是品牌與名人的聲量結合！

我家不只我在經營粉專，婆婆是在電視圈深耕二十幾年的料理名師——阿芳老師，在電視圈接軌網路平台時，她就設立了自己的粉專，許多朋友應該都看過，她爽朗的模樣，悉心的備料切菜，為大家示範料理！看過她的節目或是直播，便會感

受到她的熱情。公公常幫下廚的婆婆掌鏡，再簡單剪輯成影片，放在 YouTube 頻道上，身為旅遊達人的他，也會與粉絲分享出遊的紀錄，得到許多訂閱，是個名符其實 YouTuber 唷！

另一半穎爸就是佛系經營代表，身為音樂製作人的他擁有粉專與 YouTube 頻道，不過是心情好才更新，大概一年多，受眾人數就超越經營快十年的他了（從這裡可以知道，經營的重點之一就是要維持更新和互動啊！）

也許你會想，要是沒有這樣親友，是不是就很難增加受眾了？其實不一定。我剛起步時，有幾次跟家人一起，才有機會在婆婆的粉專上露臉，有時候是全家出去玩，或是在家時，婆婆與我一起煮晚餐，教我幾道家裡常吃的家常菜，但完全就是顯現我們的平常生活，在互動的同時，注意到我的觀眾朋友，就會加入我的粉專。

雖然好像一時湧入了許多群眾，若粉專的風格與主題，並非他們的興趣，受眾就會逐漸地流失；反之，也有因為意外發現我的內容是他們喜歡的，就會留下來。

我也因此歸納出了以下發現：

・**風格相異的經營者合作**

原本對方粉絲追蹤的平台，大多都不是像是自己的類型。所以一但被差異大的創作吸引，就很容易變成忠實粉絲，當他們關注類似你的主題時，你就是粉絲判斷其他內容時，很好的參考指標。

・**風格相同的經營者合作**

原本對方粉絲追蹤的平台，多為同類型的主題路線，比較容易被比較，粉絲也比較不容易停留，他們會同時在好幾個相同性質的平台流動。

　　一開始「想要快速增加粉絲」必須要有一定的內容量，也要讓人迅速感受到角色特色，不然，即使是因為與其他經營者合作而增加粉絲，也會很容易因為內容不足，沒有被吸引的契機就離開了。

　　要認識自媒體朋友進行合作並不困難，沒有現有的資源也可以多方詢問。現在網路上有許多網紅的聚會，我有些自媒體朋友就是這樣認識的，甚至有些場合是廠商引薦我去參加的，如果你對自己的平台經營的夠熟悉了，有作品能夠拿出來與其他人分享，得到其他創作者的興趣與認同，要合作是很容易的。所以，先將自己的平台打穩了，有能力真不擔心沒有人來找你！

▶▶ 有了粉絲之後，就要用真心去經營

　　再來這個階段很重要的，當粉絲增加後，該注意些什麼呢？

　　建議大家，不要為了得到好感而大幅度改變自己，自己與

人設相差太遠，就會很吃力。**你是要「呈現」自己而不是要「扮演」自己**，一旦設定不熟悉的自己，做不好就會容易人設崩塌，與其如此，不如一開始就試著用真實的聲音來「描繪述說」自己，才會漸入佳境，以免有朝一日，演不出預想的自己，而造成尷尬。

像我原本不太會煮菜，為了做菜給家人吃，就會翻看食譜，觀看料理教學影片，再寫下筆記，進廚房努力練習。從 0 進步到 1，是很有勵志效果的，若我是 0 卻要裝成 1，就很容易吃力不討好。如果你想做的事反應不好，可以再去找新的題材，而不要為了博大眾眼球、得到認可，而去偽裝自己。

我有提到自己的特質是「辛辣」又「好笑」。不熟悉我的新朋友，可能會無法理解老朋友們知道的「蕾式辛辣」。像我在吐槽穎爸的時候，就會自動拿捏力道，以免造成當事人無感，旁觀者有事的狀況。要讓廚藝進步必須多練習，穎爸至此只會

那一百零一道，説新菜色我負責做就好，他那幾道也毫無新意，能吃就好。讓他炒菜，甩鍋姿勢是一百啦！就是不學新事物。個性也是皮皮的，任妳説、任妳講，這樣我追你跑的互動方式，就像鬥嘴唱雙簧。

　　有朋友覺得有趣，也有人會往心裡去，説：「他這樣已經很好了！還會煮菜。」看到這樣的回應，難怪大部分男人不善於庖廚，主婦下廚理所當然。想到在家也都是我媽一邊工作又要回家煮，爸爸到近年才幫忙洗菜，以前就是坐等開飯。不平等看在眼裡，當然會想在自己這一代扭轉。

　　我也不太想婆婆忙的時候，還要趕回來開飯。凡是在直播中，要逮住穎爸讓他分擔事務時，遇到旁人出言要我放他一馬。我都會笑答：「以後就知道啦！我們相處就是這樣。」

　　對！就是維持自己，別太過也別壓抑，船到橋頭自然直。

久了以後，當初那位朋友，居然也明白我的想法，叫穎爸要多多幫忙（大笑）。別忘了你是經營者，**經營者最清楚來到粉專的觀眾是誰，內容也要符合觀眾感興趣，也好懂的。**

　　換個角度説好了，如果寫婆媳互動，就要先思考情緒釋放的力道，晚輩總是有許多觀點與長輩是相異的，若是肺腑之言過於激昂，面對身分為婆婆或是母輩的受眾，就容易造成對立。不是指內心話不可説，口水論戰自古以來不嫌少，但你設立粉專的初心與宗旨，難道真的是要在網上辯論找架吵嗎？

　　我自己的經驗是，盡量敘事不對人，不在情緒當下寫文章，也別為了找議題過度消費對象。像我要引用自己媽媽的事情，或是我跟她的對話。雖然母女很熟了，但還是會先告知她，要寫些什麼內容，做到最起碼的尊重。像是我寫老公的奇葩事蹟，寫完都會唸一遍給他聽，他知道後再去發文，不傷大雅的有趣，才不會成為傷害別人的利器。

　　所以，**創，是要先把自己站穩、站好，不斷強化自己是誰、要做什麼，持續強化你的強項。**

▶▶ **粉專的轉型與調整**

　　在 2021 年後，決定將粉專結合我的工作專業，不僅止於媽媽生活的部分，讓粉專的面貌變得更多元！而將名稱換成現在的「蕾可 Reiko's Delights」，增加了職業面向，多了點時尚意識，更陳述帶來好感覺的生活理念。

　　以往我寫家庭，總是把自己放得比較後面，日常都是記錄孩子居多，隨著生活型態不同，可以適時做些調整。大兒子差不多 5 歲開始，要幫他拍照可要看他心情。像是拍商品照，他覺得不有趣，就要說明給他聽，取得他的同意，他願意配合我才會請他入鏡。畢竟，這是以自己為主的社群，周遭的人要進來或是離去，都由不得我們，給予尊重，才不會影響了現實生活中的相處關係。

　　不只我們隨著時間改變或成長，就連主導的社群媒體，也會在時間推移中，衍伸出更多可能性，產生不一樣的樣貌。我去電視台錄製節目時，遇到婆婆以前共事過的同事，有感而發與我說，怎麼也沒想到十幾年後，媒體生態會有那麼大的改變！以前電視獨霸的時代，有什麼觀眾就看什麼！現在觀眾還可以自己成為媒體，真是始料未及！

　　在變化之中別忘了，社群最原始的本質是透過互動、分享建立信任感。這份初衷讓我交到很多朋友，也讓很多人認識我，進而擁有良好的互信互動。**創，就是把完整的你端出來。**

　　什麼是網紅？什麼是網美？常常聽到周遭朋友這樣稱呼社群經營者吧！我來告訴大家箇中的差異。由前面章節説的設定代表著人物已成形了，但是經營方向是下個重要的環節，因為要是方向錯誤，很可能會讓你辛苦經營，卻得到吃力不討好的結果。

▶ 網美，需有強烈個人魅力

　　網美，大多擁有亮麗的外表或強烈的人格魅力，一舉一動都能引起關注，因而擁有追隨者。如果你本身很漂亮，像是發張照片，就足以影響受眾，想要買妳身上穿的同款，天生擁有這種帶貨力、吸引力的話，從網美角度起步經營社群媒體，就會比別人更輕鬆、更快速。

　　許多網美本身就帶有媲美藝人的氣場跟美貌，漂亮與年輕也需要維持，也容易隨時間流逝，如果只想要拍攝美美的照片，卻沒有營造出自己獨特的特色，與眾多美人區隔出來，記憶點太淺薄，是很容易會被取代的。

　　我平常的穿搭以日系風格為主。如果光看我發在的社群媒體上照片，很多朋友都會稱我為「網美」！其實，我認為自己的風格更接近網紅中的KOL（Key Opinion Leader）。但這些名稱如此類似，到底要怎麼分別呢？而且個別又有什麼差異？

▶ 網紅，要有專長與特色

　　要說網紅的話，我常舉例，就像是受歡迎的宮廷劇《甄嬛傳》裡頭的嬪妃們個個貌美如花，在初選秀時，長得標緻亮眼的人，就很如容易脫穎而出被選上。但大家都知道的，雍正有著後宮三千佳麗，年年還有新秀被推薦入宮，你看看！這個競爭有多麼激烈，我們也常看到美女有許多，但恩寵無幾人！甚

至，有些主要角色並不是一開始就引起皇上的注意，不過……
能待在皇上身邊，備受重視、撐得久的要角，絕對都有她擅長
專長，或是特別吸引人的性格，才能讓皇上不易心生厭倦，反
而歷久更彌新，甚至在我們觀眾的心中留下深刻印象。

像是女主角甄嬛，長相美麗、聰穎貼心，才華洋溢受到皇
上的寵愛；安陵容能歌善舞，宴席中只要展露好歌聲，便無人
能敵；寧嬪馴馬善騎術，個性又酷又活！要不是劇情需求，你
一定會發現，擁有特長的人難以取代，總有被需要的時候。更
一步地看到，女主角還時時刻刻都在精進著自己，跟著大環境
改變，每一步路數都盡顯她的用心，還能安排許多橋段彰顯出
自己的不凡，找出自己與眾不同的特點。在網路世界也是如此。

**如果你要在網路有一席之地！就當個網紅，若有獨到的長
處！就成為專業領域的 KOL。**

　　所謂的特點，可能是你的特殊技能、你的專業度、你看事情的方法，也可能是知識的分享或是獨到的見解。所以，網紅可能很紅！但 KOL 並不見得。像是現在醫學、科學類領域專業門檻高，也並非大眾都有興趣，有些專業術語，也不是人人能懂，受眾範圍就有限。但是，一旦受眾於消費時需要更多專業輔助時，就會選擇更精深的知識，這時，往往擁有專業的 KOL 的帶來的影響能力是更有力道的，更易培養有信任連結的「鐵粉」。

▶▶ 網紅的生涯較為長久

　　如果評比這兩種經營的差異和發展性，網紅的社群生涯會比較網美來得長。

　　網紅多具備有別人想看到的、想學習的、想要得到的特質，而 KOL 更具備專業來強化內容，成為其獨一無二的「內容經營資產」。每個人的時間都是 24 小時，在百家爭鳴的社群中，要

讓受眾感興趣，並停下來花時間觀看，進一步的追蹤，與你互動與認識，這就要看你能否把特色與專長都發揮的很精彩了。

　　剛剛說的，要怎麼運作才能長久經營，再來就是心態，即使擁有難以取代的特點，用什麼方式去與受眾相處，才能決定社群生命週期的要素。網紅在網路上的發言是有影響力的。**要維持聲量就要藉由呈現自己，必須不斷地主動出擊，得到更多的認同與追隨，或是增加社群熱度。**

　　我看過國外的新聞，有網紅為了要增加關注，甚至不惜做些有危險性或爭議的事情，讓受眾喜歡看又愛罵，討厭得牙癢癢的！這種聲量又稱為「負面聲量」，水能載舟亦能覆舟。雖然得到了被注目的流量，卻被罵到很有存在感。我自己不喜歡非議的類型，反而分享出專業與見解被稱讚受用時，會因此而感到開心。以自己也認同的方式去經營，就不會產生太多的衝突感，以專業來強化自己的獨到之處，就多了被追隨的深度。即使受眾人

數不多，也能創造出較高的互動性，相對運作也穩定。

▶ 獲得工商合作才是目標

　　從一開始的寫文章抒發心得，到利用專業分享知識，不久後，我被品牌給看見了！

　　對，這邊也要告訴你，如果沒有走到工商合作的這一步，前面的經營是沒有經濟效益的。**你可能有許多聲量，也很有知名度，但測不到水深就無法變現。**我第一個有收取費用的工商，是醫美保養品牌的合作。品牌公關在朋友的分享中看到我講解肌膚保養的直播，她看了很讚嘆！沒想到親子粉專這塊，我剛好還是保養講師！對他們來說，更可以藉由我的專業，向粉專內的女性族群，介紹他們的產品！加上自己也用過他們的產品，有相當的了解與信心，便接下了這個案子。

　　不過，品牌當時提出以「影片」的方式呈現。幸好拍過廣

告，大概知道腳本怎麼寫，穎爸曾經在電視台做過剪輯與配音，兩個臭皮匠絞盡腦汁，身兼企劃又下海當演員，最後完成後製！輕鬆有趣的劇情搭配較枯燥的產品解說，居然也獲得不錯的迴響！得到品牌合作的機會，相當於一種商業認可，更加深粉專上的受眾對我在保養專業上的認同感，往後更容易接觸到來自保養專業領域的合作案。

　　看到這裡，大家是不是就能理解，**設定好自己的定位，在網海茫茫中前進，就會更有頭緒。**

剛起步，別操之過急

接下來這兩小節我想分享經營社群時的撞牆故事。

　　很多工具書說的是怎麼經營，卻沒有提到遇過的逆境。創造與優化是技術，但經營者本身面對問題時，卻很少有前輩的經驗談可參考，也許你在經營的初期，會遇到像我這樣的問題，大多都是考驗內心的。在創立粉專的前半年，受眾多是親朋好友，加上因他們推薦而感而加入的人。剛起步時，我沒什麼顧慮，那時在家育兒，粉專算是用來打發時間的興趣。直到某天我們全家說好去日本玩，比我早經營粉專的婆婆，旅途中常會開臉書直播，向受眾朋友們介紹旅程中的趣事。

▶▶ 意外的直播初體驗

到百貨吃晚餐時，我和公婆說要先去樓下的母嬰用品店買小孩的東西。我習慣買東西前有計劃、先做功課，便告訴他們這是許多爸媽來日本必逛的地方，有許多育兒好物，多好用多神奇！聽得津津有味的婆婆，靈機一動提議我試著開直播，像她這樣直接的與受眾分享，比起閱讀文章，更有身歷其境般的效果！雖然我做過講師，直接面對鏡頭說話也不是難事。

但當時我真是嚇死了！硬著頭皮半推半就的，就像是旅遊主持人一樣，線上帶大家逛知名母嬰用品店，認真的介紹要買的東西，不知為什麼，收看的人數直線飆升！原來是婆婆將我的直播轉發到他得粉專去了。婆婆粉專的受眾們，看到我的直播，覺得生面孔新鮮有趣，看到直播人數破千的時候，緊張到手直發抖，心跳都要停了！透過初次的直播，大量的新朋友加入我的粉專，這應該是我人生第二次感受到萬眾矚目（誇飾）的體驗。一切來得太突然！昨天還在玩票兼抒發，怎知道今天受眾馬上多了幾千

人？（嗯，爆紅大概就是這的滋味吧）瞬間漲粉讓我措手不及，毫無緩衝餘地，看到幾百則留言，該怎麼回？

▶▶ 我也有過度投入的時候

　　慶幸的是，來到粉專的朋友們都很友善與熱情，只要我發文，他們便熱情踴躍的回應，得到那麼多人的支持，當然很開心！但身為媽媽的我，並沒有那麼多的時間與體力，回覆動輒幾十甚至上百則的留言，又不希望沒有回覆讓受眾感覺被冷落。當時，在孩子睡著之後，走到飯店的玄關，開了小燈坐在地上，盡力的回覆每一則留言，即使當時還在家庭旅行中。

　　回到台灣後，我開始著手規劃內容，每一次大家熱烈的回應，變成另一種需要付出時間的壓力。我享受著大家給我的喜愛同時，身心的負荷也超支。全職媽媽的我，還可以在小孩玩玩具、睡午覺，家人在的時候，忙裡偷閒看書、跟朋友聊天或想受悠閒的休息片刻。我把零碎的時間，拿來規劃粉專內容，

用來回應留言或是訊息，用上了大部分的空閒時間，一己之力有限，過度勞累造成了睡眠問題，那段時間常常看醫生，小毛病不斷。

　　穎爸看不下去，跟我說：「之前你是怎麼告訴人家要量力而為的？現在你也在重蹈覆轍啊！」

▶▶ 量力而為才是經營之道

　　我回想起還沒有經營粉專時，一次與在 YouTube 上經營親子頻道的朋友喝咖啡。

　　那時他一臉疲憊，告訴我在 YouTube 的影片更新，讓他壓力很大。他與停職在家帶小孩的太太一同經營頻道，為了拍出好品質的影片，花不少費用添購錄影與收音器材，在持續經營一段時間後，改成兼職工作，主要都待在家拍影片。準備腳本與企劃，拍片時還要找一位朋友幫他與太太掌鏡，最後趕在時

間內剪輯後製，週而復始的，生活被這些排程塞得滿滿！若是有些因素影響拍攝，就會整個情緒大崩潰，背著更新影片的壓力，與太太的摩擦就變多了！

　　為了想題材，拚命的思考有什麼有趣的事情拿來拍攝，爸爸壓力大，太太與小孩都能感到氣氛的沉重，好幾次太太抱著表現不如預期的孩子說：「不想拍了！」這不拍怎麼行呢？ 情緒影響了影片的觀感，導致收看的人數銳減，這樣的循環下，讓爸爸經營得非常挫敗！甚至相當低潮。

　　「你要不要改變個方式？就像當作生活紀錄片這樣，自然地拍攝家人的點點滴滴，不要太刻意的想主題，只要你們一家的生活開心，我相信大家更樂於看見這樣的內容。」我這樣建議著。從那個下午後，他們的影片再也不是吃力的去營造某種主題。朋友 YouTube 的經營穩定後，將影片素材再發到其他平台上，這讓他節省許多時間，也不再被時間追著跑，再次見到

他時，也不會愁眉苦臉的，告訴我：「做多少算多少！超過自己能負擔的，就量力而為。」

　　穎爸的提醒，猶如一記當頭棒喝，果然當局者迷！旁觀者清。怎麼換成自己就整個方向大亂呢？「哈哈哈，說的也是！」我才恍然大悟的吸吸鼻子，破涕為笑。

▶▶ 生活與粉專的平衡最重要

　　貼近生活，細水長流，這才是能持之以恆的根本之道啊！**在時間與能力允許之下，能負荷的經營模式才是最根本的！**過度用力很快就會筋疲力盡的。後續我摸索出能節省時間，粉專朋友們也喜歡的方式（開直播與大家聊天）縮減了許多打字回覆的時間。當然，流失一些受眾，但拿回了時間自主權。不要怕改變，不要怕嘗試！生活還是要過，必須平衡比重，經營社群才不會荒腔走板，別像我一度連健康都差點賠進去了！

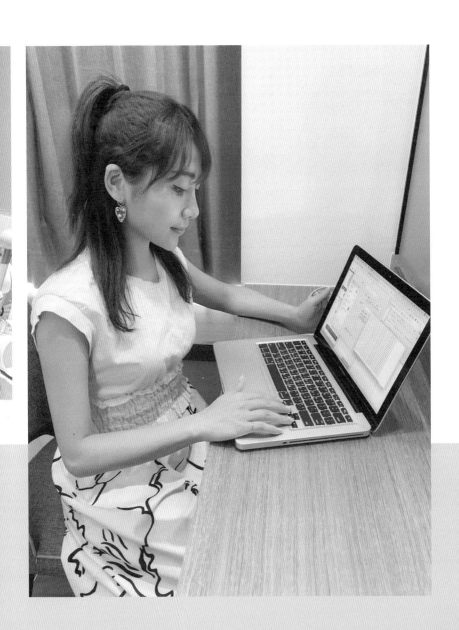

05

經營社群與
經營自己的訣竅

　　前面提過,最早接觸到社群經營的起步,是從寫電子報開始。

　　我屬於有一點頭緒與感觸,就可以啪啪啪敲鍵盤打出來的人,以文字敘事抒發情緒,加上化名隱匿在螢幕背後,想說什麼就說什麼,暢行無阻、暢所欲言。一開始,我認為創作者只要只要產出作品就好了,逐漸的⋯⋯當身邊愈來愈多人知道我在經營電子報,話語的自主權就開始有了限制,哈哈!還被爸媽關切,要我不要在上面寫太多攸關家人的「私事」。所以,第一章,必須告訴大家,給予尊重是很必要的,**社群只是你人生的一部分,並不值得你得罪光親朋好友,到處引戰,這可是**

會留在你生活中的，並不會因為關上電腦與手機就可以平息。

▶▶ 內容產出的拿捏

　　經營社群照道理來說，是「人」在主導著「社群」。說來簡單，但最容易讓人迷失、走針的也是這一塊。常常下手前，都要絞盡腦汁考慮如何不讓他人感到被侵犯，又煩惱如果某些部分不寫，就無法交代來龍去脈。某段時間，文思泉湧地揮灑了一篇，開心的寫完後，又要檢視內容，東刪刪西改改，最後的修改版本，已經找不到原本的味道。

　　太多的限制，是不利創作者的緊箍咒。那陣子發的一些文章，刻意拿掉以往有話直說的風格。跟著我許久的讀者，讀起來一定感覺得到落差，不出所料的，有些讀著寫給我的回覆，說著，內容變得很拘謹、很無聊。「顧及親朋友感受」→「修改內容」→「讀者不滿意」的循環下，原本一週三次發文，對我來說是很簡單的，但那時我光想要寫什麼題材，就只能跟電

腦大眼瞪小眼，加上發稿時間的壓力，只能繼續硬生文章，每當按下送出鍵，就感到慘不忍睹。

一位跟著我許久的讀者，還記得她叫做「柚子」，比起那些負評如潮的訊息，她寫了：「最近是辛苦了吧！要好好休息，就算想不到寫什麼，沒關係！等你回來。」當時我在宿舍裡，望著那段訊息半餉，眼淚簌簌流下，寫日記搞到自己壓力那麼大，這是何苦呢？那時候，洗澡也在想，吃飯也在想，如何才能取得平衡點？寫作生涯就要到此結束了嗎？（苦笑）。

經營社群的主軸是內容產出，維持運作是經營，經營遲早會與產出的初衷產生碰撞，就像有句話說：「夢想很豐滿，現實很骨感。」

▶▶ **察覺困境，調整心態**

許多創作者在這個環節，最容易萌生「放棄」的想法！文

章寫不出讀者喜歡的，歌曲非主流又怕市場接受度小，太芭樂又覺得不夠有特色，拉拉扯扯下，還沒找到修正方法，就不想努力了！好不容易走到這裡，現在要放棄？是不是太可惜？

　　寫不出文章的我，停了兩個星期暫停發文，硬發文也不是大家想看的，這時候就休息吧！這很重要，但卻很少人可以做到，要你停下來暫離崗位，是會沒有安全感的！尤其是你的受眾多了以後，要說服自己拉下鐵門休息，是很不容易的。但這招卻對「網路迷失」非常有效！

　　是不是都有過這樣的經驗，包包裝了太多東西，伸手要找個東西，都要在那邊憑感覺撈啊撈的，花許多的時間還是找不到，最後受不了只能打開包包翻找。要是你感覺到經營社群有迷失感，請記得休息一下！先靜下心來，把自己的內心歸零，想像內心倒出所有東西，將要丟棄或收回的事物整理好，再放回去。就像將每天用的包包拿出來整理，必要時伸手取物，一

定更駕輕就熟。

　　當每次因為外來因素、他人的聲音與自己產生碰撞時，就試著做這樣內省的練習，題材（被敘寫的人）、創作者（自己）、市場（受眾）之間的比例拿捏，調整好再放回去，然後以調整好的角度，再去寫內容，才不易失去自己的風格。

　　有狀況時，記得停下腳步，調整好節奏與心情，再繼續前進。這是長跑的訣竅，卻也非常適合用在經營社群上。

▶▶ 忠於自己，再度出發

　　於是我與親友溝通，寫作時對於他人的事情就不要過度描述，風格依然可以辛辣有趣。原本在心中耿耿於懷的阻礙拿掉以後，重振旗鼓，又能重回寫作的賽道上。也許在經營的過程，會遇到許多狀況或困境，會讓你萌生念頭想要放棄，除了解決問題，最重要的是，不要忘記，**經營社群的緣起，就是做讓自**

己會開心的事情。

　　還有個最常遇到的迷思，就是看讚數、看觀看數來為自己的創作評分。在經營粉專初期，我也曾拿來當作受眾喜好的判斷標準，像是直播比寫文的互動更高，就想要投大家所好，一方面又和喜歡寫作的自己矛盾著。在靜心思考後，決定要忠於自己想呈現的方式，就這樣堅持好一陣子，居然得到有受眾好友留言說，他們喜歡讀的我文章，會感覺到開心。那時，忽然好感謝自己的勇氣，要是中途放棄了，就不會等到這一刻了。

　　忠於自己的時候，便能用愉快的心去做，要經營社群，不讓社群經營你！

06

7 小時的觀察與 7 天的改變

♥ ◯ ◁ ◻

　　來到社群平台這裡，就像從一間空屋，從家徒四壁什麼都沒有，到為這間房取名，設定你與它的連結，它在網路上就等同你的分身，網路上的受眾們，都可以來參觀、拜訪，甚至因感興趣而登門做客，成為你在網路上的朋友。當初一湧而進的受眾，多少會離開一些，我們把時間留給了認同、喜歡自己的受眾。

　　廳堂雖小，只要打理的得心應手，賓主盡歡，就是經營的核心價值。別起步就將社群先設定成一份「職業」，將它看做是「樂趣」。樂在其中、樂在日常裡才有溫度。網路雖拉開了現代人之間的距離，但同時拉近了地域限制下的距離，雖然矛

盾，但善加使用，還能認識住在國外的朋友，不時分享彼此的生活民情。

在面對受眾（就像來訪的朋友），我們可以從他們的反饋與回應，來了解自己經營的狀況。你們可以參考我「7小時的觀察與7天的改變」這個方法，很容易就能觀測出受眾的喜好，有利於調整經營的內容與方向，才不會在初始階段，茫茫然不知道該做什麼內容，抓不住觀眾，不知道怎麼表現自己，而錯失了許多能展現記憶點的時機。

當你不清楚內容的互動表現，不如就從數字裡面來找答案吧！

▶▶ 七小時的觀察，找出最佳貼文時間

首先說明7小時觀察。雖然網絡上資訊傳遞與交換的速度很快，通常在發文的幾小時內，就可以看得出這篇文章的熱度，可從「點讚數」、「分享數」、「留言數」，統稱為「互動數值」

來觀察。互動數值就是指，當你丟出了一個話題時，有多少人感興趣？有多少人覺得可分享？再來有多少人想搭上這個話題，它是不是一篇會引人注意，引起共鳴的文章？

首先，設定好主題、做好內容後，從放上平台開始，請觀察每一個小時的數值變化。第一個小時的互動數值到達多少？接續的第二至三小時，是往上攀升還是與第一小時差不多？ 大概到第幾個小時後開始下降？**記錄下 7 個時間點，分別紀錄 3 項互動數值的變化。就很容易得到一組連續數值，從中可以反映出作品的熱度表現。**

比如，我以前多是寫生活日記，想要嘗試新的主題──保養專業，當新的主題或新題材要初登場時，就要把握機會，測試這個類別的內容，觀察投放到受眾面前得到的迴響數據！那時在夏天做了一個防曬教學的直播，大家都很喜歡！認為很符合時節需求，解決要挑選防曬品的許多疑問，得到受用的知識分享。再觀

察數據，就可以很容易的去判別效果如何！

以這篇防曬教學直播為例，七的小時的數據統計如下：

時間	點讚數（個）	分享數量（個）	留言數量（個）
第一到二小時	125	12	8
第二到三小時	25	3	8
第三到四小時	17	2	5
第五到六小時	12	0	3
第六到七小時	5	0	1

從這裡可以看到，在直播中或是內文發上的第一個小時，就是熱度反應的高峰！其實前三個小時就能定奪在粉專受眾中，這篇文章的熱度。後面的四個小時是觀察藉由受眾的分享，是否得到額外的受眾熱度。初期經營（建議粉專人數達到1,000人）可以開始使用這個觀測方式，幫助我們了解受眾的喜好，更利

於歸納出經營的方向及目標。從每篇的 7 個小時做觀察紀錄，一段時間後，就可以從中找出「讚數」與「互動數」較高的文章，把它列為最受歡迎的熱門文章。**粉專的後台，也有顯示文章熱度的數據工具，但每個小時的觀察，可以讓我們推敲出另一個發文重點：要選在什麼時間發文？**

▶▶ 7 天的改變，找到可發展的主題

　　7 天的改變是指我們可以從 7 天的觀察期，來預測一個主題的發展有沒有預想的好？當我們觀察文章的「點讚數」、「分享數」、「留言數」，這 3 個「互動數值」，並加以記錄後，就可大概可以找出受眾喜歡的主題，想互動的類別。以我的粉專來說，大家最喜歡的主題就是「全家親子旅行」，以分享景點及旅遊心得為主，還有親子間的生活記事，再來是料理直播和穿搭分享。

　　從 7 小時來觀察熱度，進階到 7 天，來運作設定好的主題。可以從日常拿手的主題作為主要的大方向，例如：我拿手的是

穿搭與料理。若是沒有特別的主題可以寫，不妨可以使用社群小編們常用的「借勢月曆」來安排。「借勢月曆」就是依照節日與時事制定的月曆，上面會有許多當月關鍵字，可提供創作者作為主題的參考。

經營社群至今已經 3 年了，**總結「創」的第一步，還是提醒大家要保持習慣。**前面提到，起步不要慌亂不要急，打好基礎，才能夠穩定又持續的發展。什麼時候會成名，變成家喻戶曉的社群經營者，我們不知道。但是機會永遠是給準備好的人！就像直播爆粉的經歷，那也是我沒想過的，當球投過來！漂亮的擊出美好的一球，那就是乘風破浪，被眾人看見的時候了。

面對社群經營到穩定，甚至帶來收入，都是一步一腳印，一磚一瓦悉心堆疊起的。我分享的不是速成法，是一邊練功一邊寫下的經驗筆記，隨著書中的 5 個階段，跟著我來一趟心路旅程吧！

造

建立別人
學不來的風格

打造自我風格與吸睛印象兼具的內容

　　國際大導演李安，曾分享過一句話：「無數次的妥協當中，你會迷失，一定要記得初衷而堅持下去！永遠堅定自己。」第二章的一開始，我以這句話勉勵大家。接下來分享堅持自己的重要。

▶▶ 認真學煮飯並分享，不假裝

　　疫情剛爆發時，大家幾乎都很少出門，那時必須每天在家張羅全家晚餐。有些媽媽朋友平時是很少開伙的，由於疫情情勢緊張，大多不敢出門吃飯，就得買食材回家煮。可是，新時代的主婦們，多都是有了孩子後，才略有接觸烹飪，突然要天天煮飯，實在很吃力！那怎麼辦呢？

　　反正，在家的時間多，早上就在網路上學習找資料，中午在家試煮練習，如果做得不錯，就寫下來做筆記，接著在晚餐直播的時候，就把自己「新手作羹湯」的廚藝示範分享給大家。明確的表示，自己的經驗有限，所以只能製作簡單的料理，在我直播的同時，許多資深的媽媽受眾，會熱心給我建議，甚至教導我一些撇步。和我一樣的新手媽媽們，就可以藉由同在線上的機會，學到簡單的料理該怎麼做！這樣一邊學習一邊分享的直播，相當的歡樂溫馨！讓當時大環境煩悶又不安的氣氛下，多了許多人與人之間的溫情與關懷。

　　有次和朋友們去聚餐，來台北工作的鄰居朋友告訴我，他有關注我的粉專。只要收到我的晚餐直播通知，他就會打開手機，一邊吃飯一邊看。看著螢幕裡的我，下廚煮飯和大家們聊天，讓回到家總是一個人吃飯的他，有一種在家的安心感。（沒想到，料理兼具療癒功能呢！哈哈）同樣是煮飯，事情單看就僅是一件事情，透過每個人用不同的思維去創作它，它就被賦

予了獨特的感情。即使是稀疏平常的生活小事，但是透過人，就會產生不一樣的變化。

▶▶ 練習說故事，就有感染力

常常有朋友問我，經營粉專要不要有某方面特長？或是要寫文很厲害呢？如果有專長加上流暢的寫作功力，是錦上添花。但透過你，對每一個接觸過的事物，產生出來的感染力，是很難被取代的個人風格。所以，**練習寫作不如練習敘事，當你聽完一則故事時，再用自己的方式去陳述一次。**

像是料理這件事，並非我所長。料理的食譜雖然看起來都很像，但不難發現，點閱率高的食譜，往往都是「別具巧思」的。只要常常訓練自己投入一件事情後，再把它陳述出來，消化食譜也是，經過你的陳述後，它就不是普通的食譜，而是擁有你靈魂的風味料理（笑）至於，好不好吃？就見仁見智啦！哈哈，勤練廚藝會進步是真的。

▶▶ 網路上得有專長與個人魅力

「嗨！喜歡下廚的正妹里長伯。」從這句話，看得出來有多少訊息量嗎？（先不要吐槽我，這可是綜合許多朋友對我在粉專的印象。哈哈）

雖然從不覺得自己正，透過化妝打扮還有穿搭，還算得上可以靠「臉」吃飯。因為呢，只要有打扮，我一定會感覺到運氣特別好！連上街採買，都可以多拿一把蔥，或是少算一些零頭！化妝來自工作與學習累積的彩妝保養專業，不只可以悅己還能教導他人，服飾穿搭則是自己喜歡的，與其說是喜歡漂亮，也是建立外在的自信。

很多不認識我的朋友，從外表的第一印象看來，感覺上多是帶有距離感。不過，經由虛擬的社群媒體，就容易先跳過「外在」，直接接觸到「個性」。我呢，喜歡熱鬧又海派，個性雞婆又沒什麼架子，這種強烈的反差，連粉專上的朋友都覺得挺

有意思的，所以，朋友們幫我取了個外號，叫做「里長伯」。
這個外號，無論在外認識新朋友，還是在社群裡面自我介紹，
都相當有畫面感。甚至，有新朋友聽到這個外號，就馬上意會
點頭說：「哈哈哈！我知道我知道！就是里長嘛！喜歡做里民
服務，個性一定很好相處。」都不需多做介紹，這個外號便深
植在對方心中。

▶▶ 分享帶來的額外收穫

　　前面分享的料理故事，只是一個階段的生活插曲，但是各
位知道嗎？透過下廚做料理，我開始找食譜、研究食材，加上
實際操作中，集結受眾給我的提點建議，整理成該次直播料理
的作法與心得，開始學寫食譜，把步驟和要點整理出來，這一
切都要歸功於自己熱心雞婆的個性。

　　之後，有單位與廠商發函給我，在烹飪領域邀請我合作，還
有關於料理分享的邀約！這些並不是原本預想的收穫，透過「分

享」這件事，在公開且廣大的網路世界裡，**觀看你的人，不只是有興趣的受眾，還有需要 KOL 特質與風格來做「商業結合」的品牌與廠商們，也會藉由你產出的內容類型來評估合作與否。**從分享料理開始，在粉專原本的風格與內容經營好之下，再加以的延伸，不只會讓受眾朋友們，看到不一樣的主題，他們也會期待你的下一步。

　　像我這樣海派的女子，有幾次下廚，實在是太熱了，我忍不住打開冰箱，開了啤酒，一邊介紹口感給鏡頭前的朋友們，一邊開心的說：「那麼熱的天氣，最開心的就是來罐瓶清涼的啤酒啊！」大家看的哈哈大笑，還有朋友看了，忍不住回應：「看了也想來一杯！」哎，**這樣真性情表達自己，不只會經營得很開心，讓大家對你的印象深刻以外！還能把生活變得豐富又有趣！記得，KOL 或是自媒體經營的好玩就在這裡，沒有受限，就看你如何精彩發揮。**

▶▶ 明確的形象能啟動收入

我們的生活或是名人中,是不是都有個讓你可以直接透過某個關鍵字,就能聯想得到的人呢?或是你覺得「他根本就是某個事物的代言人」了!

回到前面說的「喜歡下廚的正妹里長伯」,就是這個道理。若是以這樣的形象在日積月累下,堆疊出鮮明的印象,對於設定是找一個熱愛下廚,個性大喇喇又豪爽,貌似正妹的合作角色的品牌來說,會像是電影選角一樣,找尋風格符合預期的自媒體經營者。如果能呈現這樣的強烈記憶點,群眾就很容易認識你,再者,還會有些品牌的廠商,已經開始拜訪你,尋求你的合作意願了。**若是你想把自媒體經營,變成一份工作!當收到商業邀約開始,就是啟動收入的第一步。**

做自己喜歡的事情,再帶來額外收入,這不是很棒的自我加值嗎?

01

拿手的事情重複做，
再加點新鮮感

一件事情，重複的做，直到成為生活中的一部分，就會變成一種習慣。

在經營上，最怕的不是進步慢，而是產生厭倦與怠惰的心態。持續創作是很必要的，如果一天捕魚，N 天曬網，甚至曬10 天、1 個月……比如一家商店，開店看老闆心情，最後的結果就是，顧客很容易就流失了。

當然，開店是為了做生意，我們不需要把經營自媒體看得那麼沉重，也不是讓大家覺得創作與分享要如此有壓力，但是要經營得長久，就要將持續產出內容培養成一種習慣。當習慣

養成了，就能避免惰性出現，如果抱持消極的態度，久而久之就不會再發文了。

再來，現在的社群媒體都很聰明，它們有個叫做「演算法」的邏輯，你晾著不經營的時候呢，沒關係！它會投放風格與類型與你較相似的經營者或是作品，給你的受眾看見！對的，要是別人比較勤奮，又很用心創作，受眾一旦有更好的選擇，當然就去別人家啦！而且，慣性的不發文，不只讓你的社群能見度不斷往下沉，最後還會被雪藏起來，隔了許久後的發文，觸及率都不會太好！不只是粉絲流失，就連收看意願也會降低。

這對於想要把社群平台經營來說，花時間做好的內容，若是因為能見度降低，觀看的人數變少，不是滿可惜的嗎？又必須再次把受眾經營起來。慣性的不持續發文，雖然落了個輕鬆，但後面得到的，卻是得不償失的加倍奉還啊！這兩章主要談的就是大家紮根要穩，把基本的先做好、做順，不只能吸引到更

多合作機會，也能奠定更確實的執行力。

▶▶ 好好利用預定排程功能

　　若實在難掌控定時發文，也盡量讓受眾們習慣你有個「固定發文時間」，可以事前先寫好，臉書粉專有個「預定排程」功能，或是先做好放在草稿或是雲端，時間到再安排發文，這樣一來能穩住「受眾的觀看基本盤」。觸及率怕低，可以在平台上最多人上線的時間，來稍做補強。

　　社群媒體的高流量時段，分別是：早餐的 9 點、午餐的 12 點，晚餐飯後的 9 點，是經過使用者統計，在線人數最高的幾個時間點。前面七小時觀察說過的，隨著受眾的類型與習慣不同，這幾個時間點只能作為參考，或是當作預設的發文時間。**隨著經營的時間愈長，你會更了解你的受眾們的上線時間。**像是我粉專上的朋友，上線熱門時間分為兩個時段，「晚睡夜貓子」還有「特早起早鳥」，所以，我常在晚上 11 點後發文，隔

天 8 點起床，打開手機就會看到固定收看的朋友們的點讚與留言了。

▶▶ 別忘了加點新鮮感

說到新鮮感這件事情，是減少經營者的「創作疲乏」還有受眾的「觀看疲乏」。我們都知道，**喜新未必厭舊，但了無新意卻會讓內容逐漸乏善可陳**，尤其是經營社群平台行之有年的資深經營者，當你的風格明確，甚至獨樹一格時，也要注意受眾們的互動反應。

之前，我很喜歡看一個網路創作者的美食開箱影片。常常看的我食指大動、垂涎不已，對我來說那真是一種視覺與心靈的享受。我就從第一支影片開始看，到第二十多集以後，逐漸減少了許多一開始那種期待的樂趣，主要是作者都固定在客廳的餐桌拍攝，先介紹美食，接著開吃，解說每一道料理的特色，最後以心得總結。不知道是不是太過於 SOP，進行的方式太過

類似，逐漸的都能預料作者下一步要做什麼……哈哈哈。

　　我抱持著這樣的想法，去刷一下其他影片的留言，發現早在十集左右，就已經有受眾反應內容太一板一眼，沒什麼變化性。甚至，拍攝的視角也都一樣，內容多是小吃太雷同，很容易感到無趣而棄追不看。「前面已經有這樣的反應了啊？」但是顯然作者並沒有注意這件事情。所以，後面的創作還是延續相同的情況。這樣很容易造成，原本的受眾留不住，新的受眾適應了一如常態的創作後，因為感到精彩度降低而離去。

　　以我的料理直播為例，除了原本常出現的菜色以外，每一集多加一兩道新菜色，或是在做過的料理中，使用出不一樣的做法或是新的搭配，讓大家更有興趣觀看，也更期待做好的成品。這裡指的「新鮮感」主要是帶來耳目一新的改變，並非是用來「譁眾取寵」的脫軌演出（笑）。放入巧思與新意，也是一種不會因為「太費力而不想努力的」的經營模式。

　　我們常常看到耳熟能詳的品牌與產品，流行一種「新鮮感」再現，那就是「聯名合作」，就像日常戴的口罩，推出了好多的聯名主題，讓人忍不住想要買單！這也就是習慣的事物，添加上不一樣的元素，又能賦予另一種全新的感受的範例。

　　所以，**穩住受眾的是，持續如習慣的創作，而讓他們願意持續追尋支持的，就是靠「新鮮感」帶來的衝擊！**這樣一方面不至於太過突兀，也可能意外讓某些潛水的粉絲產生互動，或是吸引更多的新受眾。

　　重複做、持續做、加入新鮮感，就是吸引、穩固受眾群的唯一訣竅。

02

怎麼面對掉粉及無人回應的冷場

　　「每個粉專像一家店，受眾就是在裡面逛街的顧客。」這樣的比喻實在很貼切。追蹤人數高的粉專，像是一家大百貨公司，每天客流量驚人；有的則是巷弄中的個性小店，無意逛到卻喜歡它的獨特。能將自己的粉專，經營出什麼樣的成績、張羅出什麼面貌，沒有答案與標準，盡自己所能與喜歡便是。

　　經營社群，把它當成一個好玩的遊戲，擁有信念與熱情，就能玩得開心、玩出心得。

　　經營社群媒體，我覺得擁有「玩心」很重要！如果當成玩，就很容易從中得到快樂，因為是從正向的角度，去看待自己經

營的事物，享受的是過程；但是，若是少了這顆「玩心」，所看到的東西，就容易變成結果，只能以好壞來看待。

▶▶ 網海裡的刻板印象

以我的經驗，一開始創立社群，就是喜愛分享生活，每一張拍下的照片，每一段寫出來的文字，都帶著滿滿的自我認同感，就是因為有這份喜歡，才會希望讓更多人感受我的體驗嘛！

隨著粉專的人數增多，掉入了創作者常見的「熱度迷思」。大約在開創粉專後一年吧！部分粉專朋友，是來自於婆婆的粉專，也追蹤了穎爸的粉專，等於說，我們一家就像打通的宅院，讓大家都可以進來。好的方面是受眾會愛屋及烏，由於我的身分是媳婦，壓力相對比較大。

從傳統角度看來，對「媳婦」這個角色，好比「媽媽」的身分，皆被期待符合社會理想化的高標準。好媳婦就應該符合

什麼條件，可能在和婆婆聯播煮飯、全家出遊時，那些形象標準總無意在留言中出現。

　　「媳婦就應該要幫忙啊！」「讓媳婦煮，婆婆在旁邊看就好。」「媳婦要體會長輩的辛苦。」我看著在一邊晃過的穎爸，嗯？兒子是一手拉拔長大的，不是更應該要搶在前面，付出孝心嗎？（哭笑不得）其實不只是我，我周邊許多結婚生子的女性朋友，亦是如此。再者，可能上一代也是從這樣的規矩與思想中被要求過來的，才會產生這樣的留言。

▶▶ 本心重要還是形象重要

　　我的粉專剛好融合了「婆媳媽女兩代共存」的局面，6 成的受眾是 35~45 歲，四成的受眾是 45~55 歲，幾乎都是女性。再來，母女都是自媒體經營者倒還常見，通常都是媽媽有心得，帶著女兒一起做。但是婆媳組合實在少見，也是最受考驗的，哈哈！同輩的朋友就會站在我的角度看待事情，長輩的朋友就可能會

以婆婆的思維來理解。

　　老實說，我曾覺得自己是「媳婦」，所以要符合大家心目中的理想。當得到讚賞與認同，當表現得很好，是個好媳婦時。偶爾會在夜深人靜時問一句：「我是誰？」哈哈哈！不要笑喔！只要太認真聽評語，就很容易掉進這樣的迷思裡！為了被「喜歡」而做，卻不是為了「本意」嗎？

　　同為過來人的朋友，就開始給傳訊息給我，試圖把我從形象鬼打牆中拉回來。「不用那麼辛苦，累了就好好休息啊！」「你已經很努力在照顧家裡了。」對啊，如果這一切就是我的日常，那我還需要刻意的表現嗎？那些讚數，是在肯定我的表現？還是在支持最真實的我呢？要是我沒有活出自己，不就像是在海上載浮載沉，隨波逐流的浮木嗎？要何去何從，又要在哪裡紮根立足？浪打向哪裡，我就去哪裡？

「啊？我不是創作者嗎？怎麼變成被創作者了。」因為意志力與心態不夠堅定，才如此容易被左右漂移，這並不是受眾的問題，當然**觀看者都有發言的自由，話出自於他人口，聽進去心裡的是自己。**

▶▶ 忠於自己才會快樂

　　大學的時候，我在玩樂團。現場表演的時候，觀眾都很喜歡「點歌」這個橋段，我的個性比較女漢子，固定的歌單都是熱血的搖滾。但是，觀眾大多都很喜歡點「抒情」的流行歌曲給我唱，剛開始還會堅持立場，但是，我發現只要不符合觀眾的期待，他們可能就走掉了，為了維持現場的熱度，不要冷場！開始盡可能的取悅觀眾，練習「芭樂」又朗朗上口的流行歌曲。

　　果然，得到的迴響就很踴躍，漸漸的，就沒什麼機會表演自己創作的歌曲，某一次指導老師來看我們表演，下台後，我們被他叫到旁邊訓斥。

「你們是獨立樂團還是商業表演團體啊？」我低著頭回答「獨立樂團⋯⋯」

「獨立樂團？那妳剛剛唱的那些都是什麼歌？自己寫的嗎？是你們的風格嗎？」

無論是樂團的表演，還是社群的經營，我的經驗都告訴我：忠於自己才會快樂，活出自己才能找到知音。如果對自己有所掩飾裝扮，就要一直這樣扮演下去。我不是蔡依林是楊乃文啊！雖然蔡依林是國際菜，但是當我唱楊乃文的時候，才能真正的投入，找到志同道合的同好。但是，要活得不掩飾，必須要有相當的勇氣，你可能不是大部分人會喜歡的，但是在熬出頭之前，能堅持下去嗎？

如果為了不逆於心，必須付出掉粉或冷場的代價。若是你要在社群「玩」得盡興，培養出歸屬感，堅持自己的內心與角色，遠比成為受歡迎的主流人設重要多了。

以我的經驗，這樣的掉粉只是一種調節與整理，並不會是雪崩式的下滑（除非是做了什麼被輿論評判的負面示範）。當你的風格與特色開始被接受，被習慣、被讀懂，就會開始出現追隨者，通常這樣得來的受眾，都會特別交心，因為他們是真正因為了解你而喜愛你的人，也不容易輕易離開。

一個貨真價實的知音鐵粉，遠勝於一堆吃瓜群眾。**若是不想被社群綁架，得先堅定自己的勇氣。**

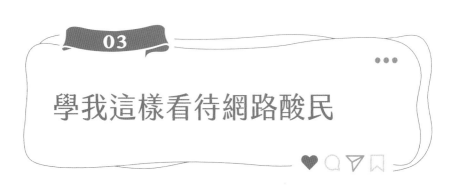

學我這樣看待網路酸民

開店的怕奧客找上門，社群媒體經營者就怕網路酸民來留言！就字面上解讀，我們知道，奧客就是很傲！很奧！盧到你不要不要。那什麼叫做酸民？這個稱謂比較新穎，是網路媒體時代才出現的稱謂。

▶▶ 酸民無所不在

對於常在網路上瀏覽的朋友，對於酸民應該相當不陌生，而且隨處可見，無所不在，甚至你還會發現，自己有時也不知覺成為了說話酸的網民，或是親朋好友對於某些看不慣得事物，發言特別的激進。不管是什麼事，有人喜歡就會有人不喜歡，若是遇到不喜歡的受眾，該怎麼面對才好呢？

　　以下都是我的個人見解，就以最全面的方式來防止酸民入侵。不過，網路是公開的，要是遇到的話，就見招拆招吧！在此先以觀眾的立場呼籲大家，觀看社群媒體，還是要保持理性，不喜歡我們可以離開，別沒事引戰啊！（生氣傷身）

　　從社群發達以來，我們可以不必露臉，就可以在網路上暢所欲言，直到某些言論延燒成為群體的言論撻伐，甚至是語言傷害與暴力，已經造成不少被霸凌的社群經營者產生精神傷害，更甚至選擇輕生。回想社群媒體的產生，不過就是快速地交換資訊，讓聯繫更不受區域的限制，讓距離變得更靠近。但是，同時連不可預期的傷害，也更難以防範。

▶▶ 先學會辨認酸民

　　儘管你不知道那些人是誰？為何帶著憤恨仇視評論，**面對深不可知的鍵盤槍手，不如強化自己的金鐘罩，對於不理智的言論，可以直接省略不往心裡去。**說到酸民的酸言酸語，遇到

反對意見，若是要理性看待，可以試試使用「酸民言論二分法」，分為有建設性的言論以及沒有建設性的言論，再逐一刪減。

　　有建設性的言論：
　　「蕾可，你的字打錯了！」
　　「你的醬油倒太多了，火太旺了！這樣做不好吃。」

　　對我來說，這不是酸民！能夠提供糾正或是指導，希望你更好，只要出發點是和善的，我就會認真地看待與回應，也會相當感謝對方的用心。無論如何，直接跟你說，而不是在背後抨擊你，或是在其他地方把你講得很難聽。也許當下會被指正會不太好受，但願意對你說真話的人，很難能可貴啊！

　　沒有建設性的言論：
　　「蕾可，你好矮！」
　　「蕾可你長得太醜了！」

如果評論太過主觀，或是說話無憑無據，就一率當作笑話或是廢言。每個人都有不同的審美，既然不喜歡看就轉台吧！對於無理的謾罵行為，就當是路過倒情緒垃圾的，不需要正視或放在心上，網海無涯，過客爾爾。（況且是討厭的過客，慢走不送啦！掰掰！）

要站穩腳步，首先經營社群就要盡可能的從一而終的做自己。如果人設與實際相去甚遠，被責難時，理虧之餘也很難站得住腳，就不能怪他人看得太仔細，逼得你打回原形。（網絡是走過必留下痕跡的）

當然，誠實的界線攸關隱私，我們能決定的就是分享的範圍，個人的思想、成長經驗、專業見解和旅遊食記都是很不錯的主題。**這裡指的誠實，不是要你赤裸裸的把個人隱私都公諸於世，關於人身安全的內容還是要拿捏妥當**。在網路世界中，敵暗我明，若是涉略到嚴重的人身攻擊，或是造謠毀謗，是會

留下證據的,對方還可能會尋求法律途徑解決。

▶▶ 高 EQ 是值得練習的處事藝術

高 EQ(情緒智商)不等於脾氣好,但接觸人群的角色是非常吃 EQ 的,在專櫃工作的那幾年,常常有跟同事相處的眉角,還有顧客登門訴怨,共事過的主管曾笑稱過我是「爆點高的淡定女子」,只要棘手的顧客調解,做同儕們的輔導老師,就落在我身上。

這跟經營社群有什麼關係呢?只要是接觸的人多,形形色色、各式各樣的,總是會有不喜歡你的,除了前面說的,站穩腳步避免被擊倒之外,釐清問題也是處理「酸民」危機的一環,兩分法可以讓我們迅速的過濾留言,就像是 e-mail,有個很好用的功能叫做「垃圾桶」,那些沒意義的批評,就可以不加思索的丟進去。

有意義的「指教」該怎麼看待?就要靠 EQ 來展現你的拆彈

能力了！哈哈。所謂的 EQ，不是要你笑著照單全收，基本上說得出條理的，就先列為能溝通的，我在處理客訴的經驗裡學到，保持冷靜與態度良好是很重要的。

也許你看到的留言不是太客氣，但文字沒有感情，先別急著生氣！我的方式是「好好說一次」，若是對方執意己見，我也不會再跟他吵了，各有堅持互不相讓，價值觀若是不同，看事情的角度不投，多費唇舌解釋也徒勞無益。

印象比較深刻的一次，在回看婆婆的料理直播，某一則留言底下被按了好幾個生氣表情，仔細一看，啊！原來我被投訴了。該粉絲留言的意思大概是說：「她很看不慣我，明明沒什麼實力，總是要靠婆婆。」而那些生氣表情，都是跟我比較熟捻的粉絲按的。果不其然，交情好的受眾們馬上傳截圖過來，告訴我說，她看不下去，想要去反駁她。

當時，她的反應太行俠仗義了！原來有人那麼保護我，差

點高興地放錯焦點，眼前這位已經準備要去出氣了！我馬上回過神，安撫她不要出面淌渾水，這件事情讓事主我自己來處理就好。

沒有人是完美的，有人喜歡，當然也要接受有人不喜歡。

我回覆對方說道：「我跟老師都是家人，也常常見面，總是有機會一起直播分享，或是提到對方，這不也是一般人的家庭生活寫照嗎？再來，我的專業是美妝與保養，與婆婆擅長的烹飪是互相交流，各自發揮所長。可能您還不了解，所以對我的看法有些誤會，若是可以到我的粉專了解，就會更清楚明白了。」

其實，要不要解釋很看情況！像穎爸就覺得不要理會，我覺得與其放著不解決，有可能會延燒出受眾之間的不愉快。**身為經營者的發言，一方面也是讓其他受眾們，更清楚你的個性與態度，**

也算是做個正面回應，也能讓事件有個著落。

▶▶ 不要過度消磨自己是大原則

至於該說的都說了，接下來就看對方的反應吧！至少，捍衛自我立場時，內心是很暢快的。沒想到，接下來對方軟化下來，跟我說了抱歉。這一切看在大家的眼裡，從危機化為轉機，化解了不愉快，當下的感覺實在很好。

以往我在面對怒火中燒的顧客，會記取一個原則「不要過度消磨自己。」把重點放在解決問題，不要去接顧客的情緒炸彈。炸彈丟過來的話，那該怎麼辦呢？你可以躲開或是四兩撥千斤！盡量把事情聚焦在問題上，而不是謾罵。

要是有理說不清，還有一招「一皮天下無難事」。這是某百貨樓管朋友教我的，他說對方只要無理取鬧，有理說不清，你就可以採用跳針方式和對方說：「好的，謝謝！」既然對方

無意解決，那就別解決了。這個方式總會讓對方氣到無話可説（或是沒力氣再開罵了！）不想繼續對牛彈琴的解釋與爭辯的話，就趕緊找個台階趕緊離開現場吧。^^

不是任何異議都要看得很用力，要提醒自己！ 保持一顆「玩心」做什麼才能開心。

04

當流量帶來商機時，
該怎麼做？

♥ ◯ ◁ ◻

　　第二章的開始，提到收到廠商邀約信的事情。大部分的朋友，應該也與我一樣，為了玩社群媒體而經營起自己的帳號，這與公司行號或是品牌創立，以商業銷售為主的粉專的角度與面向不太一樣。

　　我們大多以「人」來創建的自媒體，有自己的個性，思想與故事。（當然也有幫小孩或寵物等，第三人經營的帳號，這裡以自己創立為主。）**人可以為產品帶來溫度，或是賦予鮮明的連結形象，或是提升銷售機會！**以往，能夠利用流量與影響力帶動商業應用的，多是名人！明星！這類家喻戶曉的人物，像我這樣的市井小民，頂多只有時常關注我的人，才知道我是誰，哈哈。

　　不然，就是我的親朋好友，知道我買東西會做功課。像是我表姐，要買什麼都會先徵求我的看法，我阿姨會請我幫她算週年慶怎麼買比較划算，連我之前去韓國參加美妝比賽，同團的老師們都跟著我去逛美妝點，要我個別幫她們推薦有什麼好買的，這個回憶到現在跟其他老師提到，她們都說我很適合當導購。雖然不是名人，我還滿會做功課找商品的。心想，要是這些品牌請我介紹，應該會有很好的業績吧！哈哈。**凡事無不可能，別想的太難太遙遠；人人都有機會，只要開始做。**

▶▶ 過去的經驗別丟棄

　　起初商業合作，從一篇幾千元的美妝評比開始寫起。品牌會挑選接近他們期望的文章的風格，介紹流暢感，還有製作素材的質感。接到案子，就要依協定的內容如期完成。說到這些製作能力啊，拜大學寫電子報累積的敘事力，還有分組做專題，常常被同學放鴿子而必須熬夜趕工，所逼迫出來的經驗啊！當時我還嘔到不行，誰知道，有一天會有個工作跟做專題那麼像！

　　也許有以前執行專題的經驗，大致上對於製作內容也不陌生。跟做報告很像的，先了解產品，去讀懂它的資訊（有點像在研究它），然後，設定適合推薦的顧客樣貌，有誰會需要用到它呢？又能為生活帶來什麼樣的便利？因為常發文分享生活，收到的合作實在很多，種類也五花八門、琳瑯滿目。慶幸的是，邀約提案多就可以互相比較，很快的我就開始練習提案報價。

　　一開始對接品牌提案，完全不懂。從畢業以來，就我所學，就是投履歷去公司面試，走一個上班領薪水的路線。跟所謂設計路線的朋友，工作性質完全不一樣。這邊又要帶到一個小插曲，在 28 歲的時候，存到了一筆錢，離開百貨專櫃後，我開了家工作室。

　　那時候創業起步，步步難，找店點與裝潢不會的我就問朋友，不然就是上網找資料，缺什麼查什麼，也摸索出一套開業程序。（後來我跟穎爸合開公司，就是靠當時經驗教他跑流程。）

從不懂就查，查了再確認資料正確性，也許我的做法很花時間，完全土法煉鋼，自己做功課的好處，就是會懂得很扎實！有些窗口還以為我有行銷與文案相關經歷哩！

　　經營不是面面俱到，不會沒關係，只要積極找出方法，跟得上機會就行了！

▶▶ 接案對象也要慎選

　　剛開始接合作案的時候，我在家全職帶小孩。這對於時間零碎，無法到公司朝九晚五上班工作的媽媽來說，真的很棒！在職場發揮的所長，完成工作得到的成就感，收到靠自己賺到的薪水，感覺很踏實，與其說賺錢，不如說是再創自己的價值感。當朋友有興趣，想要跟進我一起做社群經營時，我會很鼓勵他們試試看，尤其是那些從職場暫待家庭，又想做點事情的媽媽朋友們。

　　當遇到好的合作對象，是一種福氣。**對於不擅長的領域，或不是我會選擇的產品，都會果決的婉拒，一方面，創作內容與解說，都很重視體驗感覺，如果不是自己感興趣，或是有想法的產品，連下筆都會有困難感。** 一方面，沒有急迫的經濟壓力，與其如此，我還是慢慢等待良緣，與我喜歡的品牌合作！不逆於心，因此我在選品推薦時都特別有信心與熱情。

　　但是與到不好的合作對象，風險必須自己承擔。相信大家也看過許多在網路上，自媒體經營者因合作方有問題，而必須向受眾道歉負責。原本是三方都會得到益處的合作，卻為了某一方的誠信破局。在某個經由朋友介紹的合作，就吃了一記悶虧，當我將案子完成也執行完畢後，對方居然用許多理由來推遲拖延付款。當時，帶小孩之餘，還必須要與對方追這筆款項，詢問朋友也跟著推託。沒想到這樣的狀況，居然會出現在自己認識的合作對象上。對方壓根認為我只是個體戶不當一回事，直到我氣到請出當律師的朋友關切，對方才知難而退，趕緊把

欠款給我。這樣的周旋耗費大量的時間，唯一的慶幸是，這樣
不好的事情，沒有牽連到其他親友與受眾身上。

▶▶ 讓團隊一起幫忙吧

直到後來一次合作包包品牌團購，業績不錯！品牌主介紹
了經紀人給我認識。一開始，並沒有太多的想法，畢竟想說經
營社群，不喜歡太多約束與規則，直到我們談到了商業合作，
想到之前不愉快的經驗，開始思考是否要找個可靠的工作夥伴，
借重他人的專業與經驗，不只可以保障未來我與受眾的權益，
也能避免這種碰壁又無人可幫忙的困境。

為了把工作面做得更完善，在家時也能專心照顧小孩。接
案與品牌對接對外的這一塊，就交由經紀人來處理，我就負責
內容的企劃與製作。

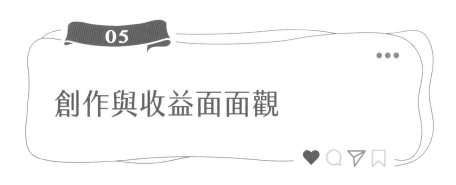

創作與收益面面觀

　　那時對於「社群經營者」來說，我的粉專追蹤人數不到一萬人，在這個領域中，叫做「微網紅」。因為規模還小，在慢慢成長的過程中，比起流量大的經營者，我更能記住粉專的受眾。甚至，我們就像朋友般，會聊天、會分享！對待彼此像朋友般互動著。記得有一次，自己獨旅去台南時，我跟經紀人說，晚餐會是粉專上的好友要從高雄騎車來找我吃飯。當她知道對方是我粉專上認識的其中一位好友時，她還不太置信的說，我也太沒距離感了！拜粉專的成長非爆紅所賜，才能像個正港里長伯！常接觸的朋友名字我都叫得出來啊！

　　跟大家的感情都穩定，只要是創作與發文的互動關係都很

好！這也是支持我寫作分享事物的最大動力。但是噢！內容好並不代表商業合作表現就會好。因「喜歡的節目」我們收看是打從內心喜歡，但是「進廣告」要不要買單卻反應了受眾需不需要，產品的選擇方向對不對。我想告訴大家！不會每一場仗都打得漂亮，若是遇到不理想的狀況，實在是常情，千萬不要因此氣餒。

這個主題我後續會提到，除了自己也曾經自我懷疑，也看到了身邊做商業合作的朋友，當績效不理想時，就超級自責，陷入低潮。為了讓大家知道，這是每個商業進行會發生的事情，並不全然是一個人的問題時，看完這篇就會豁然開朗，有信心再接再厲了！

▶▶ **用心製作才是最佳策略**

朋友的姐姐以前在童書出版社工作，自行創業後接到嬰兒沐浴用品的行銷業務工作。小兒子本來就是用這個牌子產品，

我也有許多使用心得，再來，開團購買都有折扣，既然是美事一椿，就決定要來試試看。當時的成績確實不如預期，但製作圖文和設計的用心，反而讓品牌與客戶覺得滿意。即使銷售差強人意，但他們反倒鼓勵我，肯定我的努力；第二次還幫我爭取到更好的條件。

藉由這一次的經驗，讓我省思了很多事情。原本看到用心創作的反應，大家很喜歡，反應也很好，但是轉換成購買率時，卻乏人問津。那時我掉入一種自我質疑的迷思，是不是我哪裡沒做好？大家不喜歡嗎？好產品為什麼銷售那麼差呢？對於肯定我的朋友姊姊也很愧疚，覺得是不是自己能力不好，對她好難交代，責任感讓我的自責爆棚。

但是，第一次開團，應該也有許多我不清楚的事情吧！這麼想才又把自己拉回來一點，於是我從自己的規劃，內容的創作，還有受眾們的回應，看看問題出在哪裡？能否找到一點端

倪。直到找出問題出在哪裡時，才終於鬆了一口氣。打開後台的粉絲年齡，看看他們的留言，大部分受眾的孩子都上國高中了，產品對他們來說，即使好也不適用。試想，如果對象不對，銷售勢必會事倍功半，光是自己喜歡沒有考慮到顧客，成果也會大打折扣。以正常的情況來說，這就是產品選擇時，沒有考慮到顧客需求得結果。

▶▶ 不好的成果也是經驗

遇到不理想的經驗也是有好處的，讓我有了找問題點改進的機會。當產品很好、內容詳實卻沒有人買單，就折衷把這次操作視為推廣產品，好素材能讓更多粉絲當熟捻「開團」這樣的銷售模式時，就會知道要注意哪些因素了。

對於品牌廠商，溝通與執行的態度，工作上的用心與表現，這無關於數字，是為人打下印象分數。對於受眾朋友們，服務及熱忱的態度，解說與處理的細心，對於做這件事抱持的心情，

都會堆疊成為最後的成績。

　　把每一份工作，盡心盡力地完成；失敗了找出原因加以修正，下一次的工作，繼續保有自己的熱情，銷售不只是商品也是感受。

　　接下來的合作，我就會多考慮到顧客，甚至會把季節與習慣等等想得到的變動因素參考進去，想得愈周到，執行起來也會更為精準。後來有個合作機會，再接觸到自己專業領域的產品，保養與美容儀器，這次我就非常有信心！拿出了以往對於保養的專業，還有教導顧客保養的經驗，作為開團方針操作時，居然讓我在一萬左右人數的粉專，賣出了接近百萬的銷售業績！而且，在後續的開團中，都持續保有很好的業績。

　　若是當時跌倒就一蹶不振了，就放棄挑戰衝破終點線的喜悅，不是太可惜了嗎？

Chapter 3

營

把粉絲當朋友
就對了

投石問路，從分享中找到共鳴點

♥ ◯ ▽ ◻

　　第一章「創」提到過，經營社群內容的起步，練習寫日記是個不錯的選擇。**在養成定時更新內容的步調之後，就可以進行下一步：嘗試各種分享。不只是風格主題，可以是你對事情的想法、觀感，對生活的態度與理念。**主題是社群內容的寬度，創作者的思想是社群的深度。這樣一來，就有很多可以寫。

　　風格主題可以增加內容的新鮮感，比如，防疫在家的時候，有一次我做了在家運動的直播，當時，我常觀看 YouTube 上某一個健身房推出的間歇運動（Tabata）影片，跟著影片在家增加運動量，甚至到後來孩子也會跟我一起做。

在家健身運動，本身要是太過乏味，是很容易就怠惰放棄的，但是我卻樂此不疲的收看，主要原因單純直接，因為影片中是一群肌肉健美的年輕教練在帶操！哈哈哈！我分享給自己的女性朋友，她們常常不知不覺就做完整組運動了，大獲好評。於是，在安排要做運動的下午，我打開直播，跟受眾好友們一起分享看「猛男教練健身」影片，兒子跟著我在一旁，氣喘呼呼的賣力做操！還跟我說，他也要跟電視上的哥哥們，一樣強壯！這種貼近真實，帶有趣味的分享，大家看了捧腹大笑，直敲碗要我分享影片。本來是能激勵媽媽們運動的養眼影片，沒想到還能提升兒子健美的決心呢！

▶▶ 大膽一點做有意思分享

說實在的，當我走入家庭後，確實在面對大眾時，會多了許多顧慮。雖然覺得有趣，又無法確定螢幕前的受眾，是否跟我平時熟捻的朋友一樣，能夠接收到內容所傳達的趣味感？（還是覺得這個媽媽好ㄎㄧㄤ？）有時候這種先入為主的想法，反

而會讓我被不自在感圈套住。

　　大家應該都有過這種感受，對於活潑生動的題目，比如：「假如我是……」就能蹦出許多的靈感，洋洋灑灑的跳脫規範，是說「假如」嘛！少了壓力與責任的阻攔，是不是覺得好好發揮！內心好多五顏六色的思緒都從筆尖跳出來。

　　那換個角度，題目要是換成「論民族主義」，我想，剛剛那些策馬奔騰的想法，馬上失去活力，枯燥黯然！當然也是有敘論清晰，滿腔抱負的才俊，可以將這個題目發揮的很好！但規範當前，這種框架鮮明的主題，只能一板一眼的走好走穩，才能不偏離主題的直達核心。

　　有意思的分享，就是個引言！像是在餐廳用餐的前菜，如果引人興趣，就能接續著期待後面上的菜色。當我們做一件事情開始熟練的時候，就可以嘗試去變化口味與菜單，別忘了，

保持新鮮感是經營社群很重要的一環！接下來，再大膽一點！
就是嘗試「投石問路」。在社群平台上重複做自己喜歡的、拿
手的事，吸引到有共鳴的受眾，好好對待與經營他們，這群人
將會最穩定的互動者。甚至，這幾年慢慢累積勇氣，逐步試著
發一些未發表過的自己，就像將一顆顆的石子，投向了不同的
地方，有些直沉水底，乏人問津的內容就先收起來！

▶▶ 不同內容類型穿插更豐富

當然，並不是說迴響較少的主題，就不再考慮創作。當我
看見某些主題，能激發出許多或是更大的漣漪，它就是經營的
主力！可以增加它出現的頻率，像是工商或是反應較少的內容，
就可以穿插在其中，這樣一來，就不會為了因應大眾的期望，
而必須過於投其所好的放送主力文。

再好吃的主餐，再好看的八點檔，若是出現得太頻繁，反
而會失去了它的期待感，也會模糊了整個創作週期的節奏！尤

其是工商文，一般多傳達的是銷售資訊，大多受眾的觀感就是當看了廣告插播，除非它被創作的很精彩！但是，在尚未具備這樣的能力前，投石問路的方式，就很實用！既不會讓原本的創作風格偏離軌道，又能適時的放入自己想做的主題，當作一種培養。

　　從一開始戰戰競競的做育兒分享，不定時的加入新的主題，讓受眾愈來愈清楚你呈現出的輪廓，從美妝到料理，從旅行到運動，就像是電視頻道，不停的播放節目，卻又有很多面貌！不只是豐富了社群的可看性，也帶進了許多被不同主題吸引的新受眾。

▶▶ 找到經營的樂趣才能長久

　　也許大家會經歷到我說的這些過程，從打好基礎如練功般的創作內容，到不知該做什麼的停滯茫然，再鼓起勇氣進行內容的調整，唯有把內容的營運穩定住，成為一種很自然的事情，

變成自己生活中的樂趣，才不會是負擔與壓力。也才能進一步與外對接合作，帶來商業接案的機會。同時，對於受眾經營的應對，也能在不消磨身心健康的狀態下，讓自己游刃有餘，這樣才能掌握經營社群的樂趣！畢竟擁有熱情就能做得長久。

　　當我敢無私的端出「猛男健身」影片時，已經是把大家當做熟捻的朋友般分享，我能感覺到，從創造走到經營，這幾年讓大家認識的蕾可，也終能不用再顧慮太多，裹足不前。當日常的自己與社群的自己的差距拉小，創作與分享的速度會變得更快！更多的情感與波動，都會不自覺的投放在字裡行間，當這些點滴累積成有力量的，就能更容易與人群產生吸引與共鳴。

01

從粉絲反應收集意見

前面提到過，之前我疫情宅家期間，將每天的晚餐製作，做成例行的直播！對料理與烹飪有興趣的朋友來說，會變成精神糧食，只要開播，收看人數都相當穩定。我發現，**這些你來我往間的訊息，居然帶有許多啟發靈感的提議！**

不過，開始動機只是為了讓受眾更方便，得到實用的資訊而已。一開始我的料理直播，會在內文裡寫上心情短文，加上晚餐的菜色名單，有些朋友告訴我，聚精會神看我邊煮菜邊抬槓，說說笑笑一輪，常常播完了都記不得我做菜的步驟！但是再看一遍，往往又是一小時起跳，問我能否整理菜色的食譜，好讓他們可以學著做。

▶▶ 從料理直播到撰寫食譜

被敲碗食譜的當下，整個人實在是受寵若驚！沒想到自己只是分享在家做晚餐，居然得到受眾的青睞！我不是厲害的大廚，寫食譜要花不少時間，但是從分享得到被贊同價值，已讓我滿心歡喜，充滿成就感。

後續的直播，開始為來不及畫重點的受眾們，整理好可學習的實用資訊，當我再度收到他們的反饋，告訴我依照食譜做出來的餐點，家人都很喜歡時，就感覺自己做了件好事，我的料理直播讓身邊的人也能受益。這樣的富足感，更驅使得我更想要成長與前進。

從一個只會簡單炒青菜，到為了好上手而簡化食譜步驟的我，讓原本跟我一樣，對料理不是抱有很大信心的主婦們，因我簡化許多菜色較複雜的部分，讓他們覺得看我操作起來，簡單又輕鬆，便開始跟著做一些家常菜。

▶▶ 受眾要求的開團服務

接著，用過的鍋具、調味料、食材都成為大家感興趣的部分，開始有受眾詢問，能不能請我跟品牌說，社群的朋友們都想要買，乾脆要我兼著賣鍋具，甚至直播裡用到的東西，大家覺得不錯的，也會變成許願購買的項目。（甚至連腳上穿的拖鞋也有受眾要我開團呢！）

但是，我曾經在創團時寫文表明過，不喜歡開團賣東西給大家，只要作品被喜歡對我來說就足夠了。好像一旦開始做大家的生意，這些互動就會變得不再純粹一樣。

直到受眾追問我什麼時候可以幫忙開團，他們真的很想要買我使用的東西，才半推半就的開了社群的第一團。平時慣用的產品，只要受眾有問題提問，我也能很詳細的回答，**基於分享才帶來的商機，帶給大家更多安心與便利，沒想到，新穎的平台獲利模式居然是受眾教會我的！**

　　用心做喜歡的事情，還能自然而然的掙到錢，大家還會對你的辛勞說聲謝謝。帶著「做喜歡的事情」為優先的想法，對產生需求而衍生出的「賺錢」就不那麼排斥了。因為受眾對我的信任，造就這樣的獲利機會，從合作的商談到確認，抱持著小心謹慎的態度，寧願沒談成不要做，也不要讓自己的受眾在工商來往中吃虧。

　　反正一開始，我的想法就不是靠經營社群過活啊！沒有經濟的壓力，做起合作也算自在，**能牽線讓自己的受眾獲得優惠，自己在中間把關，再透過他們後續的反饋，讓我也提升了選品的能力，之所以能在這一塊有所成長，受眾們的反應占了很大的功勞。**

　　我也常在自己的合作中購買產品，以便更明確的掌握到廠商端的狀況。當然，每個商業合作，都是對外接觸，讓他們能間接對社群銷售。這對經營者來說，每一次的合作都是考驗，

會遇到什麼突發狀況，實在很難預料。舉例我遇到過，冬天時開了吹風機還有電暖器的團，廠商提案會贈送精美的保溫杯，這麼一來好適合寒冷冬天，讓我立馬點頭答應合作！迫不及待地在社團先公布這個好消息。

▶▶ 為受眾嚴格把關是基本

正當雀躍的期待下訂的產品與贈禮，有受眾先收到，馬上向我反應狀況：「贈品居然是購物袋。」在廠商毫無通知之下，我大為震驚！馬上聯繫窗口了解原委，告知我無法接受這樣的狀況，怎麼可以任意改變說好的方案呢？這一頭窗口懇求我說：「保溫瓶送完了！是臨時缺貨緊急更換，還來不及告訴我就發貨了。」這下可好了，原本覺得滿意的方案，現在演變成狀況外，除了生氣也無濟於事，窗口說保溫杯目前是缺貨的，他們也很為難。

可是，社群裡的朋友都是因為我的推薦，才那麼熱情的跟

進，不只是購物還多了一份情意在，不然，吹風機到處都買得
到，他們也沒有必要非跟我買不可。

　　廠商與我討論後，折衷詢問受眾能否接受購物袋，若是不
喜歡還可以送什麼「萬能抹布清潔組」？（這我更不想要！哈
哈）至少購物袋還是日本製的品牌，平時買東西實用又環保！
所以，大家都很貼心的發揮同胞愛，欣然接受替換贈品，這個
突發意外就在達到共識後，順利地解決了！我也再次向廠商聲
明，若下回還有這樣先斬後奏的事情發生，就不會再跟他們合
作了。

　　其中，有個認識很久的朋友，特別傳訊息我說，她是為了
保溫杯而買吹風機的，可以接受購物袋，但言談中感覺得出來，
她非常喜愛保溫瓶，由於希望可以幫我做業績，不打算退貨。
於是，我上網找到了那款保溫瓶寄給她，讓她非常驚訝和感動。

　　「這是很難忘的購物經驗，很謝謝妳。」其實也不是覺得理虧，或是想要討好受眾，服務雖然只是一個過程，在過程中給顧客帶來的感受，是會留下既定印象的，基於誠信與責任，我很珍惜每個受眾願意打開心房，對我據實以告他們的想法，若在可行的能力範圍裡，圓滿了這個機緣。對對方而言，真正增加價值感的不只是產品，而是因為個人創造更多的信賴與好感。

　　從受眾的信任中得到真實的意見，社群才能不斷地調整進步。

找到品牌與自己的連結

特質不只是容易被記住的標籤！也可能是你特別擅長的特點。

藉由人能使平凡的事物變得更顯得有生命力，將溫暖賦予其中，更容易與受眾產生連結點。比如提到司馬中原，是不是就能讓你想起他著名的開場白：「中國人怕鬼！西洋人也怕鬼！全世界的人都怕鬼～～恐怖喔！」啊！司馬爺爺要來說鬼故事了。

小時候我只要聽到這段，哪管鬼故事說了沒？掩著耳朵就要跑掉。對！司馬中原在我爸媽那一輩，可是家喻戶曉的說鬼

故事專家，飽讀詩書的他信手捻來，說起故事特別生動精彩！甚至，只要有靈異主題的節目，都可以看到他的身影，這就是人與物的連結，同樣的故事若換作是他人來說，好像就相形失色了。

人＋物＝擁有溫度，創造連結。

▶▶ 有連結才能有記憶點

隨著時間的推演，你所呈現的資訊累積，讓受眾對於你的印象愈來愈清晰，甚至會有一種素未謀面卻莫名有熟悉感的感受。都歸功於平日藉由不斷創作，「表顯」出的力道與頻率，讓每個受眾對你的某些特質，有強烈的記憶點，甚至，個人成為了一個「關鍵字」（Key Word）。

這個特質往往是品牌在尋覓合作對象時，會特別注意的地方！你所表現出的樣貌，是否符合品牌？能否為產品帶來火花？

每當我要和廠商談商品合作時，都會請品牌務必要給我時間，除了親自使用，感受它的效果，也一定要找出我跟這個「物」的關聯點。否則，就會顯得你是你，它是它，除了一連串的讚賞，好用！很棒！以外，人與物是格格不入的。一篇只有表面陳述的商品文，會讓人轉眼就忘！很難留下什麼深刻的印象。

　　為什麼要特別強調這件事呢？連結感真的有那麼重要嗎？如果很會寫生活文，那還不夠！若是無法做到把自己的特質與產品相結合，切換到寫商業合作文時，將會很吃力！傳達至受眾的力道要是不夠，很可惜，這是無法打動人心的。

　　當你端視著一個「產品」或是「事物」時，有沒有什麼想法呢？產品是指的是有形的物體，事物則類似「服務」或是「課程」、「活動」。若是與實際情況相去甚遠的合作，要找到連結感是不容易的，建議避免無中生有，或是超過自己能力範圍，不然破綻百出反而會有反效果。

就像我對看房不了解，有一次接到品牌的邀約，是要我們去參觀建案，在討論的過程中，對方向我提議，要在合作中，清楚的解說物件特點，像是建築的工法是避震結構，房型有挑高等等。我說，如果是去參觀建案，應該就我們所看到的、感受到的心得分享更貼切。若是太照本宣科，對受眾來說，就會感到不真實！因為以他們對我的理解來說，媽媽看房的角度，大多都是環境的安全與舒適度，格局的規劃與動線！還有生活的機動與便利性。

▶▶ 用自己的方式表達才有溫度

在自己的社群，就要用自己的方式表達，才能把事物藉由人，傳達到受眾心中，這才是他們所熟悉的語言，將商業合作做出溫度，才讀得進去、感受得到！效益才會好。剛開始，我也寫過正經八百的合作文，不出所料的大爆冷門！把焦點放在產品上，反而讓「人」顯得模糊不清，少了與產品的連結感，受眾當然不會當一回事。

　　舉例來說，我常提到自己的敏感性肌膚，社群的受眾也有許多跟我一樣，為肌膚問題感到困擾的朋友，所以，當我在接觸保養或生活用品的案子，就會特別注意是不是適合我？對於敏感肌膚有什麼好處。

　　久而久之，我就變成敏感肌代表了，只要是我可以用的，敏感肌膚的朋友就能放心跟進！像我分享過自己很喜歡喝咖啡，對氣味與味覺很敏，連便利商店的咖啡換豆子，我都喝得出來！是個挑嘴的人，只要味道不符合我的標準，就不會妥協喝完的！很幸運，有機會與喜歡的咖啡品牌合作！承襲大家對我的既定印象，引發對這牌咖啡的好奇心，到底不妥協味道的人，所推薦的咖啡有多好喝？是吧！

　　有個好友跟我說，這款咖啡他在網路上看過好多次，卻沒有引起他想要購買的念頭，直到我介紹了這款咖啡，他才忍不住想嘗試。「挑嘴的人」所選的「咖啡」，「豆子本身的品質

一定不錯！」由人接連到物，就多了一種情感，一種感知，讓熟悉自己的受眾，縮減了對物的距離感。

「人」也代表觀看者的認知投射，當我們在看某一篇文章或是劇情，看到「怎麼會和我那麼像」的時候，也會產生像照鏡子一般的認同感！彷彿那個跟自己好像的角色，就是自己的化身，這時候就像連到藍芽一般，你們之間同步了。

在社群中，經營出鮮明的特質與形象後，與產品的連結感就會更有力道。這也是品牌請「代言人」來增加大眾對產品的「熟悉感」與「接受度」，就是這個道理。

03

做個會說故事的人

　　某品牌推出食品廣告時，特別喜愛出現一家人圍爐的畫面，從火鍋料到元宵湯圓，當它深植人心的時候，只要想家，我就會聯想到它的溫馨廣告，在腦中被喚醒播放，讓我重溫了一次，在家跟家人吃飯的歸屬感。

　　哎！等等，廣告歸廣告！腦內的記憶為何會重疊呢？這是一種情感的投射，熱鬧圍爐的景象，能引領我們融入其中，就好像自己身歷其境一般。有時候，令我們心動的是這種記憶體驗，常有人說：「沒為什麼啊！就是一種 fu（感受），就欣然接受了。」買了什麼東西反而不那麼重要？是否很令人費解！哈哈哈。

　　在粉專發文，我也觀測到**愈是接近生活與時事的，更容易與受眾產生連結與共鳴。**這個方向，很適合用在與受眾拉近距離。例如：節慶，生日或是特別的紀念日。

▶▶ 愛聽故事是人的天性

　　人們喜歡聽故事，能從中去自我感知情境，這是有科學根據的，以感性導向切入，比較能打開對方的心門，走進對方的共感層引發共鳴，這也是相對不讓人反感的敘事做法。

　　什麼時候我最常說故事呢？就是跟小孩溝通的時候。當你要耳提面命的說道理時，有求學經驗的我們都知道，老師說話我們有沒有在聽？當然是沒有嘛！只要爸媽出現說教的起手式，我們的耳朵和心門就通通自動關上了，何況，今天要對隔著螢幕的受眾們敘事，難度就會大幅增加！只要你的開頭又是一副要來叨念的，大家馬上就轉台不看了！

失去了開頭，後面就沒戲唱了！當你花時間辛苦寫了篇用盡心血的文章，這樣不是很嘔嗎？所以，應該要找點樂子，把字句呈現的有趣些。別忘了！能讓人看完整場的電影，劇情一定是有節奏，不拖泥帶水死氣沉沉，無論是愛情電影還是武打動作片，起頭的那個氛圍，一定要是引人入勝的。

我們從小在聽故事中，明白三隻小豬團結與勤勞的重要性，從狼來了學習誠信與尊重，每當我開始說故事的時候，孩子們的反應不旦沒有抗拒，還笑盈盈的坐在一旁，豎起耳朵聆聽。想傳達的觀念都在劇情的推進中，順其自然地寫入腦袋裡。

承接有溫度的事物，才能深得人心。人跟物可以形成連結，再加上情節的鋪陳，強化情感面，並從這裡切入，更能被記住。

▶▶ 真實故事產生的連結更動人

前年的母親節，我收到電信公司的合作邀請，主旨是宣達

收訊好，通訊品質佳。我本身是該電信的老顧客，想說以親身的使用感想做分享，是很好發揮的。接著，當我知道活動內容是「打電話跟媽媽告白」，腦袋就開始打結了！

為了母親節做這件事，這不就顯得很刻意嗎？一連串的跑馬燈在內心閃過。受眾眼睛是雪亮的，怎麼說看起來都目的明顯，在一番天人交戰後，決定在做這件事情前（有個契機能讓我把平時不會表達的情感表現出來，當然是能拉近彼此關係的好機會。）把前情提要說個明白。

在求學階段，與媽媽有過長達數年的「親情矛盾」，為了證明自己的獨立而反抗管教的我，一直將媽媽的關心看作壓力，拒絕溝通、拒絕她的付出，上了大學更像投奔自由般的，近乎要與家裡失聯。這件事情，讓我媽的內心很受傷。就像前面提到的，開口總十句不離八句說教，就會讓人下意識想要迴避，不是不懂他們的用心良苦，而是放錯了表達順序，想說的就會被阻擋在外。

　　記得鼓起勇氣打給我媽的時候，跟她說因為有一個工作，讓我藉著這個機會，化解彼此之間情感的矛盾。她還好奇的問我要做什麼？當我開口說我愛她的時候，媽媽安靜了幾分鐘，接著語帶欣慰的告訴我，她很開心。

　　我寫下了這段因合作而發展出的題外故事，沒想到，有許多朋友紛紛反饋我說，他們對於的家人的情感表達上，也有相同的情況。藉由活動來響應傳達情感，呼應電信公司的通訊理念的「零距離」，向最親近的家人，表達內心的感謝與愛，意外的讓這篇合作得到熱絡的共鳴！

▶▶ 一個故事勝過千言萬語

有人就有故事，有故事更扣人心弦。

　　像我對孩子說了不下百次：「不可以拿陌生人給的東西喔！」但是只要稍不注意，哥哥手上常會多了誰誰誰給的小東

西，欠缺危機意識這點，讓我每次帶他出門都要千叮萬囑！直到某次，睡前唸了《白雪公主》的故事，他們對公主拿了陌生人給的蘋果，結果吃下去就中毒領便當這段，記憶超深刻。隔幾天，我帶他們去超市買東西，店員剛好在請顧客試吃銅鑼燒，兩兄弟看見店員遞上的小塊點心時，居然異口同聲的說：「不可以吃別人給的東西。」讓我看了又氣又好笑！才說過一次的故事，居然遠勝於叨念百次的提醒啊！哈哈！

重複做才能帶來複利能力

「即使一天看似微不足道，但經過十年的累積，是會孕育出巨大的變化的。」這是稻盛和夫（Kazuo Lnamori）說過的一句話，現在看來非常受用。

記得我剛入社會當實習生時，有陣子很不喜歡上班！有別於在學時只要把功課顧好，一切好像重新洗牌，歸零重來。就讀美容職校的同事做這行是駕輕就熟，我連基本的修眉毛都不會。每天除了做雜事、幫忙跑腿、報帳，就是等待百貨的定點報時，倒數著時間等下班。這樣的心態毫無熱情，連對未來的期望都也感到茫然。直到有天跟朋友吃飯，她實在看不下去我的意興闌珊，規勸我說，要是對工作沒有熱忱，還是趁早離開

吧！「連我都感覺到妳散發出消極的能量。」

▶▶ 重燃熱情，主動學習

　　聚會結束，回到家裡，反覆想著她說的這句話。記得面試時，積極的表現出想要這份工作得的熱忱，即使毫無經驗，主管也點頭錄用我了。怎麼沒過多久，就好像個待退人士一樣，毫無生氣，想到朋友失望神情，燃起了想振作的鬥志！與其繼續虛度時光，還是振作起來，換個心態回到崗位上吧！

　　首先，先拜託同事教我修眉毛。平均每天會有 3 ～ 4 位顧客，帶著服務卡要求我們免費修眉毛，對於有業績壓力的銷售員來說，這是沒有產值事情，所以，儘可能就是快速完成服務，把顧客打發走。

　　我主動提議要練習技術，如果同事不想服務的修眉顧客，可以交給我來做，同事聽到都很樂意教我，這樣一來落得輕鬆，

專心服務要購物的顧客做業績較實在。實習生雖然沒有業績，但是也有晉升考核，3 個月內若沒表現出成績，時間一到，主管是有權力不任用的。

「基本的小事，也要好好的做。」轉換了心態，好像脫胎換骨一樣，整個人充滿精神。我不再用打混來面對工作，時常提醒自己，當初對主管表現的熱情，也要持續下去才是！看起來我每天都在做櫃務、修眉毛。但是冥冥之中，事情開始有了全然不同的轉變。兩個月後，開始有顧客回來找我，不是修眉，而是請我幫他們介紹產品。「我很喜歡妳充滿熱情的工作態度！」而且，這樣的回流客逐漸變多。

▶▶ 全力做好每件小事

同事和我說，要維繫顧客是不容易的，為什麼可以讓他們再來時，就好像朋友般沒有距離？跟以往希望修完眉顧客就快點離開不同的。我在服務過程中，仔細回答顧客提出的問題，

就算是閒聊也認真看待他們的話題，當顧客要離開櫃檯時，我會在店名片上寫下名字遞給顧客，歡迎他們下次再光臨，不再是快速結束與顧客的互動。期許每一次接觸，都要讓顧客帶著好心情離開。即使下次見面，延續著上一次留下的印象，我與顧客之間，不需要花太多時間再重新加熱！

全力做好每一件事，做 10 次就能扎實的得到 10 次的經驗值。

從修一位顧客的眉毛，需要 20 分鐘的時間，到一年之後，不到 5 分鐘就可以完成，連主管都說我是快手！又快又精準！而且過程毫不馬虎，服務速度快了，就可以服務較多的顧客！再加上從修眉服務中認識，再回來找我服務的顧客們，累積成為一群穩定的主顧客。逐次建立起的信任感與默契，讓我在服務他們時更得心應手，在銷售產品做業績上，也較他人輕鬆快速地達成目標。

▶ 經營，其實不難

「營」所說的，就是經營，如何讓社群的受眾持續增加且穩定，一定要把基礎打好，才能有力氣運作更多的流量，把每個互動，每個接觸，例行的事項確實做好，不只穩健長久還能持續成長。**轉換到社群經營上，我也是不求快但求好，做好才能縮減時間，有了時間才能做更多的改變去優化與進步。把社群當成企業看待，就是是想要它走得久且走得遠。**

走到這裡，粉專要開始內外兼修！不只是顧及自家的受眾朋友，若是開始接觸合作，一部分的心力與時間就是對外，我把以往在職場得到的經驗，運用在這幾年的社群經營上，發現是有許多共通之處的。

別把經營想得太難，帶著歡喜的心做，往往帶來的都是正向的結果。

Chapter 4

修

粉絲、流量與業績，
都是一種修行

生活與工作要平衡
懂得充電才更有力氣走得遠

在網路世界遊歷的幾年來，自媒體嚴然成為「人人有機會」的新時代產業，沒有規則、沒有既定形式、一切都是未知，充滿著無數的機會！從「創」到「營」分享的是如何搭建好自己的平台，啟動它運作到經營。接下來，這一章將講述當我開始接案，把它當成一份工作後的心路歷程。如果你也好奇，它是種什麼樣的工作方式？在此之中，經歷了什麼樣的過程，造就了半夜坐在客廳，正打著書稿講故事的我！哈哈！請繼續往下看！

▶▶ **先了解接案流程**

有別於許多自媒體工作者，不是一開始就明確決定，要成

為自媒體工作者！我與身邊幾個朋友，多是從喜歡分享自己的專長與生活，進而慢慢走入自媒體圈。在這個社群媒體盛行的時代，逐步地建立自己明確的形象，並且固定的運作它，就容易得到廠商邀約合作，**當「社群」與「個人」具有商業價值，就是得到收益的開始。**

　　將自媒體視為工作開始，我打開工作的新視野，跟穎爸成為「天涯同路接案人」，一開始品牌的邀約多是執行簡單、規模比較小的，我就從這裡起步摸索，家裡阿芳老師（婆婆）與穎爸都是接案十幾年以上的老手，所以，有什麼不懂的地方，就先去請教他們。

　　一般接案的程序是：合作條件與酬勞洽談 -> 進行內容製作 -> 依照約定時間執行 -> 檢討成效驗收。

　　成為時間彈性的自由業者，是非常需要「時間管理」和強

調「自發性」的。一天就是 24 小時，就像空白紙般任我們安排，如果沒有規劃時間的動力，自主管理是很容易懈怠的！當然，時間是無形的，看不見摸不到，若沒有清楚地規劃工作與生活的分配，就會掉入要生活卻沒品質，工作上庸碌瞎忙的陷阱裡。

▶▶ 行事曆是接案朋友的好幫手

要把自由業工作的彈性與舒適度發揮的盡致，就得要「掌控時間」。**善用「行事曆」作為「工作預約表」！就能不浪費時間也不超支自己！。**

我從唸書時就有使用「行事曆」的習慣，無論是打在手機上或是紙本筆記都有經驗。很推薦自行接案的朋友，可以善用這個很普及的排程工具，我個人熱愛手寫筆記，攤開來看，要做什麼清清楚楚！如果你記性與邏輯力佳的人，只要依日重點式記錄即可，如果擔心會忽略小細節，還可以貼上便條紙補充！做完就拿掉，這樣一來簡明俐落，能夠有效幫助工作效率提升。

不過要是案量變多，遇到臨時的時間更改，導致計畫變動，還是很容易一團亂的！這時，表格就是很棒的小幫手。

　　有一陣子接案，剛好遇到許多喜歡的合作邀約，結果，一股腦的接進來，緊鑼密鼓的排程，讓身體大喊吃不消！導致另一頭的社群更新停擺。**工作要做，生活要過。千萬不要拿時間去梭哈收入，當我們疲憊或體力難以負荷時，內容的創作品質也會下降，這也是自己和品牌雙方不樂見的！**

▶▶ 愛拚不會贏，不過勞才是真理

　　從小我們常被灌輸的就是，趁年輕趕快打拚，未來才輕鬆許多！但許多事情沒有想清楚，往往成果會不盡人意。記住，經營者的狀態會反映在社群中，站在長遠的角度看來，一開始先走得穩更重要！如果做得好，下一次做同品牌的工作，也會比較省力，務必提醒自己，當熟悉接案後，再去增加案量的安排，才不會有如短跑衝刺，後繼無力。

　　會特別提到工作與生活，是這十幾年來無論在職場還是自己接案，是相當核心也容易被忽略的一環。**再忙，都要為自己保留休息的時間，給自己充電的時間。如果沒有這樣的底線，一味埋頭苦幹，就很容易做到透支自己。**我們都有熬夜追劇或是唸書的經驗。當我們的腦袋與體力超過負荷，接下來就會進入消極的漏電狀態。

　　沒靈感、沒熱情狀況下，工作或創作就只能被動的硬擠！很多人都說，要對工作保有熱情，但我們正在做的工作，都不一定是自己喜歡的啊！（笑）我反而認為是要對生活保有熱情，工作的時間，就是清楚讓自己知道，該離開工作狀態時，就好好休息！好好轉換心情去迎接生活，工作有規矩，但是生活沒有，是由你安排決定的！

　　生活對我來說，是對外界的接收！全心把自己放在生活裡，有多重要？對於社群經營者來說，有足夠的心思去感受、去發

想，才能慢慢轉化成養分，回到工作與創中時，將內心的能量釋放給受眾。這點跟釀酒是很像的！沒有經過催化或淬鍊的，風味約莫也普普通通！其實啊，釀酒師本人很清楚啊！好喝的酒是精華的集結！對生活的有觀察與體會，即使不引經據典，寫則日常小事也會耐人尋味。

　　和大家分享我心目中工作與生活的關鍵字，希望也能幫助到你。

- 生活：休息、感受、充電、享受、開心。
- 工作：展現、釋放、發揮、衝勁、熱情。

　　別忘了，**清楚劃分工作時區，讓你的自由工作之路，更加得心應手與長久！**

01

需不需要加入團隊或找經紀人？

　　每當朋友好奇問我：「KOL 或網紅的工作好不好玩？」我想如果不是以「賺錢」為主要導向，做自媒體人，是有很多機會接觸到有趣的活動或邀約，可以讓生活過得相當精彩豐富的！像我收到過互動畫展的邀約，或是購物中心的導覽直播！光是看合作內容就感覺有趣好玩！但擁有的時間就是 24 小時，當我開始要維持家計時，好玩的合作案就不是首選了！從這裡開始，我的工作類型，也開始接觸選品開團，進入做業績抽成的酬勞模式。

▶▶ 接案工作者的樣貌

　　在經營社群，尚未變成養家糊口的工作時，我接案子時內

心都沒什麼壓力！所以，當有品牌或廠商發邀約 mail 或訊息給我時，我都會迫不及待地打開信件，看看是什麼樣的合作內容，挺好玩的！就像抽到一個闖關任務，通關完成就可以得到獎勵。對於喜歡嘗試又腦筋轉很快的人來說！這種無體制的工作方式，能發揮得相當盡興！

邀約內容與產品五花八門，尤其見到熟悉品牌或是愛用的產品，居然來邀約自己時，就會有一種飄飄然的受寵若驚，開心得不得了！由於責任感使然，就算喜歡，**我建議進行商業合作時，務必先以自己熟悉或有把握的項目做。如果沒有，建議繼續等待機會來到，用心把關才能將一件事情做得長久。**

不過，自己單打獨鬥安排工作，耗費的時間成本相對高！做自由業，工作與生活的界線，比起進公司更模糊。我曾把上班的那股幹勁帶到生活裡，得到的結論就是：毫無生活感可言！作為接案工作者，若是鬆散派，可有可無的態度，就會無法穩

定收入！最後被經濟壓力逼急，才急忙去找案子做，為了收入接案亂槍打鳥，原則與堅持就必須讓步，相對風險與對品牌或產品的熟悉度就會降低，這也是許多個體戶接案遇到廠商或是商品有問題時，受眾對其的信用與專業評價會打折扣的原因。

　　對我來說，因為對於廠商端了解不多，而產生的不確定感，在往返溝通想法上就花了很多時間，要是無法給我清楚的回答，總是會擔心出了什麼差錯，會連帶讓支持我的受眾朋友們一起承受，這是我不樂見的。

▶▶ 團隊 vs 經紀人，怎麼選？

　　直到有一次在處理各品牌廠商寄來的 mail 時，注意到有家滿有名的母嬰網紅行銷公司，來信詢問有沒有意願，加入他們的網紅團隊？加入團隊也就是成為公司的一分子。雖然，裡面有許多像我一樣，平日要照顧小孩的家長，一邊堅持創作經營著他們社群。面談到最後，必須遵守公司內制式規範與簽訂合

作合約，由於照顧小孩很需要時間彈性，選擇了婉拒。

　　説也碰巧，一次朋友推薦的包款團購，成績很不錯！品牌主老闆娘説要介紹個經紀人給我認識，就這樣在更近一步討論之後，對彼此留下不錯的印象。但提到要簽約的時候，我內心又開始卻步了！

　　帶著小孩一邊工作，還是有許多不確定性，我也很擔心，若是有什麼狀況，無法以工作為重時，會不會給對方帶來麻煩？畢竟，喜歡自媒體能接觸到的合作，多元又有趣！若是未來遇上意見分歧呢？在考慮的這段時間，發生了廠商合作後拖欠款項，態度不佳的事情。讓我對於接案的作業，感到既徬徨又疲憊。當時，心想難道沒有辦法找到可靠的窗口，幫我介紹與洽談工作嗎？在距離與經紀人面談後，已經隔了半年！我才決定鼓起勇氣，找尋合作的工作夥伴。

▶▶▶ 擁有專業能力，才有發展機會

其實，經紀人曾告訴我，過了半年一度讓她快失去耐心，就在她順其自然的同時，我就聯繫上她答覆合作意願。當時的粉專，差不多有 1 萬人追蹤，算是小小的自媒體人，也是極少數在這個流量階段，擁有經紀人的 KOL，這份契機來自於我具備的專業技能：保養講師的資歷、美容證照與專櫃的工作經驗。

這些居然讓我得到能與經紀人合作的機會！再次驗證了，自媒體工作「人人有機會」的可能性！只要本身具備能力，也有可能突破常規，得到意想不到的發展。經紀人對於接案還有品牌端瞭若指掌，較能精準地幫我篩選適合廠商，談妥工作與酬勞，讓我免於前後奔波，讓工作的執行變得更加輕鬆了！

提到加入團隊還是要找經紀人，**就要先釐清自己「需要什麼幫助」還有「對自己未來發展的展望」**。當然，各有利弊！自己做較為自由，擁有完整自主權。但是，光單獨個人所想所

做的，實在很有限！除非自己的身邊擁有許多資源與人脈，才能較穩定的獲得工作！

　　首先，先問自己想要怎麼操作自己的社群？希望它發展成更大的規模，還是要提升自己，加強個人品牌的建立？藉由團隊或是經紀人的協助，當然會省時省力許多！只是在於你怎麼看？想靠自己闖還是要組隊打怪？彼此是否都能討論出相同共識！一起朝共好共利的目標前進，才是重點。

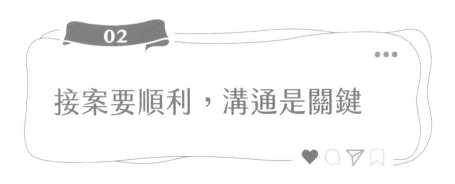

接案要順利，溝通是關鍵

　　接著要來談談目前最常接觸的合作：業配與開團，也是自媒體時代裡，社群經營常見的獲利模式！

　　還記得之前我媽拿出跟著團購買的鞋子，試穿給我們看。我爸還一頭霧水的問我：「什麼？妳是去創業了嗎？不然，媽媽怎麼說妳在賣鞋子。」哈哈哈！

▶▶ 業配與開團的種類

　　這裡就來分享一下，關於接案開團的甘苦談，來一探究竟吧！**業配與開團的案源分為：主動式開發、被動式合作，以及經由人脈介紹三種型態。**

　　主動式開發，是指遇到喜歡的商品後，主動和廠商聯繫而獲得的合作。由於決定權在廠商手中，必須先拿出專業跟熱忱去感動對方，爭取合作的過程難度會比較高，酬勞條件可能較低。由於是自己認定，才主動出擊的合作，對擁有選品想法、熱愛分享的經營者來說，通常能做得順手！

　　被動式合作，則是廠商主動前來詢問的商業合作。經營者不只要做功課了解產品，藉由長期累積口碑與信任感，為品牌與產品的價值背書（哈哈哈，大概就是人格擔保吧！），通常公司會有窗口負責與經營者聯繫、溝通，確定雙方理念契合，再逐一確認合作環節。

　　溝通的過程肯定會花不少時間和心力，但寧願確認清楚也不要省時間！盡可能避免在合作上發生糾紛。再者，面對的窗口也不一定是廠商公司成員，可能是品牌委託行銷公關公司來溝通。無論是直接洽談或間接確認，對於產品的溝通重點必須

清楚且明確，**若貿然開團，雙方的溝通不完整，就容易導致各種負面情形發生，品牌與經營者的誠信與責任，將會在受眾內心大打折扣！**

　　經由人脈介紹的來源，是當身邊的親友，有人就是在買賣做生意，或是幫公司發案子。其實最快會遇到的，就是這類經由人脈或是輾轉介紹來的案子。當然，多一份情感而被物色選上，是接案中開心的事！不過，價格也可能必須「人情」些。

▶▶ 互惠型案子能累積經驗

　　起初，流量或是粉絲數較少的時候，可以接到的是以產品交換內容曝光宣傳的互惠型工作！一開始若有感興趣的產品，可以當作商業合作的練習！互惠是你來我往，較沒有太大的壓力！當我想要累積產品介紹類的文章時，這也不外乎是不錯的選擇，可以大幅的減少寫作成本！像我早期的產品評比文，也是品牌願意提供其他競品，讓我比較測試，才能生成品項那豐

富的實用文啊！但缺點就是，沒有稿酬只能累積作品，無法作為一份工作，也稱不上靠社群經營謀生了。

不過，若是練功練得好，內容的品質優異，放在平台上自然而然會吸引其他廠商願意透過付費，取得與你的合作！這時候就會感覺自己往前一階了。若是要當成一份工作，就要在開始有酬勞時，減少互惠類型的合作，一來是保障自己建立起來的商業價值，一方面也是展現「專業是不能免費的」的良好態度，也尊重自己的心力與時間。

▶▶ 有心有實力不怕被埋沒

接案順不順利，靠的是心還有實力！明確的提出條件再進行溝通協調，大多都可以搓出湯圓，因此表達出喜歡的意願很重要。

我家弟弟還是嫩嬰的時候，朋友有個任職行銷公司的姊姊，

在朋友的介紹下認識，聊到了敏感肌膚的弟弟，膚況保養的很好！我提了一家嬰兒洗沐產品，朋友的姊姊聽了，喜出望外告訴我，那是他們的客戶！馬上就問我有沒有興趣合作寫文。咦？光是聊個天就讓合作從天上掉下來！我當然是馬上答應，能為自己喜歡的品牌寫文做推薦，滿滿的熱度就很有感染力了。朋友的姊姊說：「與其詢問拜訪社群經營者的合作意願，我們更喜歡本身就是品牌愛用者。」

一個合作，從雙方尋找契合的對象，確認是否能代表品牌傳遞溫度，或是藉由經營者的肯定，創造出合拍的工作機會，就從源頭的「心意」開始。我都笑稱自己是鐵打了心的堅持，在與我提到的嬰兒洗沐產品合作後，他們很感動我對他們不二的認同！後續這家品牌只要有行銷計劃，都會特意請朋友的姊姊先來與我洽談。

▶▶▶ 這一切都是由分享而來

所以說，分享是不是很關鍵！前面說到，分享能帶給受眾許多建議與方向，得到他們的認同與追隨。關於品牌與廠商，他們也在茫茫的網海找尋知音人啊！像是我喜歡的保養品，訴求成分天然溫和，所以敏感肌膚的受眾，就會特別關注我使用的產品，而許多符合這樣理念的廠商，也認同我是他們的合作人選！

即使也曾遇到競品開了比較高的價格，想要爭取合作，我也婉拒了。有受眾好友問我：「為什麼你的合作都長期固定好幾家，都不會變來變去的。」啊！畢竟自己喜歡的產品，就是日常在使用的嘛！對於經過重重比較後，成為愛用名單的品牌，很難說變就變！即使好幾個產品都是固定的，這不就是蕾可龜毛選品最真實的呈現與證明，兩相認定像極了愛情啊！（笑）

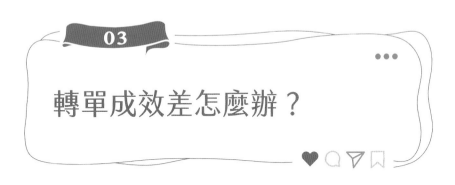

轉單成效差怎麼辦？

「別因為幾次的失敗，就否定過去一整年所做的努力。」鈴木一朗（Ichiro Suzuki）這樣說過，我也以這句話勉勵大家。我的粉專受眾突破 1 萬人那年（2021），每月平均只開 3 個團，年度累計銷售額高達數百萬元，宅家工作終於賺入了一桶金！跌破了眾人的眼鏡！連經紀人從業至今數十年都嘖嘖稱奇。不過，該怎麼做我們下一篇談！先實際的告訴大家，勝敗乃兵家常事！**我也非盤盤豐收，有高有低的成績，讓我更清楚受眾的消費型態。**

▶▶ 工作模式開始轉變

剛與經紀人配合時，他依我的專長，洽談關於肌膚保養類

的合作。我正式轉職成為「家庭」與「工作」兼顧的半職媽媽，每天早上先送哥哥去幼兒園上課，弟弟就由我與穎爸輪流照顧！不需要親自去回覆信件與談案子，腦袋與生活簡單許多。同時，代表有時間消化較多的案量！經紀人與我會提前先制定工作計畫，讓每個月的收入穩定。為了專心工作，確保合作內容在時間內順利完成，我會到家附近的咖啡廳去寫稿、整理素材。

　　原本親帶到大的弟弟，不習慣換手由爸爸照顧，或是半天都看不到我的蹤影！進而出現「分離焦慮」狀況。原本為自己「偽復職」能彈性工作感到欣喜！沒想到那廂小孩鬧彆扭，一雙眼睛盯著，不讓我有機會出門。不然，就是抱著我的大腿撒嬌說：「阿吉也去！」我是慢專心的人，工作必須要集中精神，帶著他出門也不是沒試過！到咖啡廳還沒坐熱：「媽媽，我要尿尿喔！」「媽媽，我不想在這邊，我要出去！」不到 1 小時就想舉雙手投降了。為了減緩他的焦慮感，只好陪他在家，趁他睡午覺時，再溜到客廳去工作。

　　其實零碎的片段工作，對於專注力較低的我來說，是滿吃力的！尤其是寫作時，很怕被打斷，因為會瞬間忘光。然而我開團的酬勞是來自素材製作，再加上後續銷售的分潤，因此埋頭做完前置作業，就緊跟著要捲起袖子，當個店鋪老闆開店做生意。

▶▶ 防曬品業配的失敗經歷

　　大家還記得前面提過的嗎？**我並不是一個銷售能力很強的人。因為不強，我必須找出讓大家喜歡跟我買東西的方法**，莫過於推敲什麼產品會受大家歡迎？分析顧客們「需要」與「適合」的商品是什麼？推薦的產品符合需要、有賣點，就會有很不錯的銷售成果！不過，也有完全顛覆了我想像的經驗。

　　夏天推薦防曬乳很適合吧？我很喜歡的噴霧式防曬！方便好用，包裝可愛！我們家大人小孩都很喜歡。我把素材拍得很日系，實在的安全牌，在豔陽高照的假期出遊期間，真想不到

有什麼準備不週全的地方。但是，防曬噴霧的銷售並沒有預期理想。以往若是發現會造成銷售下降的因素，我可能會提出先與品牌商討。但我們都很樂觀其成的時候，它並沒有想像中受大家青睞。當下要處理蠟燭兩頭燒的情況，實在心力交瘁！

我看著一蹶不振的數字，真不知道該如何與合作廠商解釋。心急如焚的我，挫敗感隨之而來，信心不斷崩塌，不禁開始自我懷疑起來。「產品明明很好啊？是不是哪裡沒有做好呢？」弟弟見我悵然若失的樣子，跑過來抱著我的手臂，我一看著他，他就開心的開懷大笑！當我轉過頭，他就緊張的哎哎哎，一直叫我。

▶▶ 打起精神詢問受眾

這時，我覺察到只看到業績的我，不也像個依賴的小孩，把情緒權交讓出去嗎？孩子的喜悅與難過，隨著重視的點而受到影響！因為無法預測的業績，居然可以把心情搞得如此悲戚，

就是我把它看得如此絕對與重要啊！孩子因為無法自主的依賴，
而產生了焦慮！我因為無法控制的數字，煩悶的暗自責怪自己。

於是，我提起精神，發訊息給幾個社群的熟悉好友，禮貌
詢問他們對於噴霧防曬的看法？**得到反饋後才知道，有些產品
的呈現必須更直接。**他們並沒有辦法單從圖片文章中，看到這
項產品獨特點與使用效果，類似的品藥妝店也都有賣。再來，
防曬產品很普及！家中也都備有，既然不缺，就難以起心動念
購買。「不過，蕾可的素材做的很可愛喔！喜歡妳每次做工商
呈現的感覺，總是很用心，令人耳目一新。」

接著，我檢討了自己做商業合作時，不想給大家帶來業配
感的保留與客氣！許多朋友在假期中，是不太會注意發過的文
章的，往往意識到想買優惠時，活動就已經結束了。「很喜歡
妳選的東西，只是沒注意就錯過了！可以提醒的話，一定會記
得買。」

　　多虧這次的機會教育，我從鼓起勇氣詢問受眾的看法，得到了站在自己角度所看不見的訊息！這種工作與生活上的經驗，有時候會巧妙地帶領我們，去省思許多道理！它們也是有共通點的，因為不清楚缺乏理解，而造成的焦慮，並不會一夕之間改變，透過交會合作機會，才能找出走音的那條弦，重新的調整變得美好。

　　心想往哪裡去，終究能步步接近！**失敗時別急著否定自己，更要明白從哪裡開始再接再厲。**

04

累積分享力，
賺進第一桶金！

　　「妳知道現在船下面有很多魚嗎？」大學時，跟幾個同學遊後壁湖，搭船要去綠島玩！一個伯伯站在我旁邊，指著風平浪靜的海面，跟我說他是屏東人，講著年輕時跟著漁船出港捕魚的經歷。「在海上的人喔，小小的變化，都比別人看得仔細喔！時機對喔！網撒下去魚都是滿滿的啦！」

　　但是任憑我怎麼張大眼睛看，哪有什麼魚？不過對海上待著比陸地久的討海人來說，要吃這行飯靠的不只是常識，更多時候得靠經驗！才有可能在變化多端的汪洋中，帶著豐收的漁獲回來。

收穫絕不是碰巧與偶然，懂得靠經驗判斷，才抓得住運氣。

在家工作能賺到一桶金時，自己也覺得不可置信！但我知道絕非靠運氣（畢竟我連統一發票中 200 元都不容易！）。

▶▶ 從需求出發的真心推薦

其中屢創佳績的是日本美容儀器與保養品團購。剛接觸時，我只是想找到改善肌膚問題的產品，是經紀人推薦我用看看。我相當讚賞它的方便與專業！使用後也確實如她所說，肌膚變得很穩定又透亮，就像做過臉一樣光采動人！

我開始想到我的媽媽，嗯！要是在家就可以幫她保養臉，不知道他會有多開心？再來就是我的妹妹們，大妹跟我一樣要在家帶小孩，要去做臉也不方便，加上固定做臉的費用算起來也不少；小妹是忙碌上班族，要是下班可以舒服的躺在沙發上，一邊保養一邊舒壓，她一定會很喜歡！

　　但是，比起我開團介紹過的產品來說，它的價格偏高！習慣購買生活用品、美妝保健的受眾朋友，到底能不能接受呢？我錄了一段自己在使用的影片，沒想到！竟然引起許多朋友的注意，接下來，為了能方便回答大家的好奇，我就開了直播，向大家介紹這款改善我膚質的好物！也解說比起出門做臉，更輕鬆更精打細算。許多好友就敲碗要我去詢問開團，看著直播直接呈現的效果，比說的天花亂墜更有說服力。

▶▶▶ 不變的心法創造好業績

　　第一團我創造了 70 幾萬的業績，連品牌看到都以為看錯了！為了讓大家買了認真使用，還創了社團做為互動與教學區，接著後續的第二團、第三團，就有最早買過的受眾朋友們分享心得，讓我的團購成績節節高升！最近一次締下近百萬的成績，讓我相信這些結果都不是偶然！

　　我的社群規模並不大，經紀人不可置信的說，流量比我高

10 倍以上的社群，還不一定做得到這樣驚人的成果，還要保持銷量持續進步，**到底怎麼辦到的？就是按照前面四章，循序堆疊出來的！**如果要找到顧客喜歡的產品，就必須站在他們的立場來思考事情。先創造一個連自己都會喜歡的平台，凝聚了一群志同道合的網友，彼此常常互動、熟悉，最後變成朋友，藉著分享自己與話題，讓朋友來串門子談生活。再將這個平台，打點出你的風格，變成大家都喜歡來的地方！

▶▶ 用對待朋友的方式與受眾交心

不只是開團買東西，更多時候，我們都是開心的聊天打屁，要當眾留言，還是私底下寫信都可以。有了經紀人幫我談工作，我擁有更多的時間，可以放在家人親友還有社群朋友身上。距離近了，感覺就像開頭伯伯說的一樣：「你看不見是不熟悉，你不接納海洋，海洋也不會接納你。」

社群裡有一群友好雖未謀面的朋友，但我也多跟朋友透過

手機聯繫啊！在他們面前，我學著用輕鬆的心態表達自己，用自己對待朋友的方式，面對受眾！無論平台看起來像的小聚落，還是一個小商店，你都會發現，始終有一群朋友，會進來找我打招呼抬槓。從他們主動分享的生活，了解他們的個性，感受他們帶來的有趣！就像我買了直髮梳，使用的時候，腦中就不由自主的跑出我與幾個自然捲朋友的影子！（大笑）

說到這裡，我還是要直接破題告訴大家！**創造這樣的收入，並不是我做業績很厲害，業務能力很強！只是自己的誠心先拿出來，讓大家認識與接近**，走進我家門的朋友，就熱情的款待，並且期待他們下次的到來。

▶ 以人情味來經營，就是我的祕訣

外婆家的柑仔店、叫得出我名字的便利商店……這種滿滿的人情味，就是我最喜歡的經營方式。即使我只是走過，柑仔店阿母也會招呼我進去，塞2顆不收錢的糖果說：「阿母看妳

機靈都會叫人，阿母請你吃！」不買東西，阿母從也不會趕我走！有次她收到一箱柚子，我剛好只是進去買瓶汽水回去，她就急急忙忙撥開好幾瓣，要我帶回家吃！

便利商店的店長，總是會提醒我用優惠卷，還教我集點換東西！即使繞遠路也只想去那家便利商店，穎爸都說便利商店還不是長得都一樣？但我就是喜歡有溫度的接觸！當然是不一樣的！（哈哈）

穩健運作的平台，有個人特色的主人！做出怎麼樣的成績，在於你與受眾之間的默契，**當我開團賣東西的時候，按照對受眾的了解，便可以事前幫他們規劃好適合他們習慣的購物方式，快速準確又有溫度！**每一步都踏實順利，自然創造出漂亮的成績。

Chapter 5

維

自媒體長久經營的
獨門心法

重質不重量，別糾結於受眾人數

管理學之父彼得杜拉克（Peter Ferdinand Drucker）曾説過：「經營，是選擇對的事情做，管理，是把事情做的對。」無論小至個人與家庭，大至公司到企業，隨處可證實這句話有多貼切。（笑）

穩穩的紮根，先做熟來提升效率，得到更多的時間進步，才能讓社群的經營跟得上網路世界瞬息萬變的腳步。即使認真的經營，若是沒有留意到趨勢走向，也可能會走錯方向。無論你是想要做小社群，還是要衝大流量，最重要的是，熟悉你所經營的社群，對於外在環境的變動，都能擁有一定的控制力。就拿開車來説好了，每天開車比起一週開一次車，一定更熟練。常常檢修車況，比起想到才檢查車況的人來説，那種最令人感到放心呢？

▶▶ 關於粉絲／流量的數量迷思

經過「創立」到「調整」的 4 個階段，我們再繞回來討論一件事情，就是粉絲數／流量。如果增加的很慢，該怎麼辦？想爆紅或是快速增粉，靠運氣的成功機率確實高一點，不過增加新受眾的方式，除了與其他人社群經營者合作之外，最快速的就是「製造話題」，用媒體的曝光來獲取新關注。**普遍的情況來說，只要粉絲有增加，就是一種進步！**

當提到社群的粉絲數時，像我的 1 萬多人，在商業市場的定義上就是個「小」KOL！不過「小」也是一般人創建社群的必經之路，剛與經紀人合作時，當時的工作模式，遇到了一些瓶頸。這一篇我想要告訴大家，什麼情況下，小也有優勢！什麼情況下，才要去追大流量。而且，未來是有可能「以小博大」做出更穩健的成績，一開始千萬不要為了受眾的人數，感到沒有信心（發文互動率亦是）。趁著個機會先磨練文筆，訓練自己的發想能力，當你又往前邁進時，會比起許多知名人物，直

接帶流量的開設自媒體,多一份「從 0 到 1」的創造經驗,而每一個經驗都是你的社群故事,缺少了某個體驗,不是也滿可惜的嗎?經營粉專的路上,是想要經營小店鋪,還是做大企業,這就看經營者的想法,以及如何規劃與達成設定的目標。

　　如果想通搞懂了,小也能小的出色!不要再度被數字給綁架制約了。**看見自己的獨特,就能做出差異化的獨一無二。**

▶▶ 好好發揮優勢,大小不重要

　　「現在那麼多人做自媒體,不會很競爭嗎?會不會很難做?現在還來得及嗎?」天底下很難找到二個一模一樣的人吧?所以,不要怕!要能展現出自己的不一樣,找到自己的獨特之處,加以發揮才是重要的。

　　每個人是全然不同的個體,差別在於表現的方式,還有經營社群純熟度!我相信再怎麼奇怪的小店,都會有人願意進去

一探究竟，就在於自己那份「心」，有沒有打開，讓與你接觸的受眾強烈感受到？一開始可能沒有感覺，就像在舞台上演獨角戲，但請給自己一點時間，讓自己的社群慢慢萌芽，讓經過停下腳步看的觀眾，待得久一點，甚至走進戲棚裡坐下，這都是累積功力，不斷嘗試才能抓到要領的。

　　如果靠商業接案，小流量必須要用心培養與受眾的契合度及信賴度，優勢是很容易與受眾有互動，也會對常出現的受眾更有印象，一旦需要做調整，或是要聽聽他們的感想，就會沒有距離。距離靠近，就能縮短網路溝通的隔閡感。

　　與受眾在第一線接觸，無論是需求還是想法，都能直接的告訴我。我也能在他們與我的對話中，去思考他們需要什麼？適合什麼？讓小店鋪，變得更加輕鬆又人性化。我也發現，品牌方若是願意多聆聽 KOL 的提議，把顧客的需求考慮進去，通常銷售的結果會很不錯。其實，以往的經驗也告訴我，一椿生

意會不會成功,就是「你對顧客的了解有多少?」如果是為公司服務客戶,上級願不願意聽取前線人員的建議呢?對上與對下,務必要溝通順暢,才能將品牌與顧客間的障礙清除,將「供給端」(品牌/廠商)與「需求端」(受眾/顧客)的距離縮短,才能減短時間去創造更多獲利。

▶▶ 以服務的心看待受眾的需求

　　我的受眾年齡層,大約在 35 ～ 55 歲,以女性居多。記得剛做團購時,有受眾訊息我說,網路匯款她不會用,難道不能貨到付款嗎?那時為了讓大家理解訂購程序,每次開團直播時,得先介紹完產品,再實際進入下單系統,逐步說明訂購方式。以為在這個時代,無論是線上刷卡還是去 ATM 轉帳,應該大家都很會操作了,即使不會,只要不斷地教導示範,大家總會學會的!

　　我還是嘗試性的問一下品牌,能否增加這個結帳方式?當

時合作的產品是日本保健食品，沒遇到團主這樣反應過，熱心的窗口表示願意幫忙，告訴我會請公司的同仁試試看。當時的團購便增加了貨到付款這個結帳方式。沒想到！大受社群受眾們的青睞，不但稱讚品牌的貼心，大家只要下單就可以等待通知，去便利商店領貨。一來品牌接到訂單就可先出貨，不需要等待匯款才能出貨！

　　組合的銷售速度應接不暇。僅是增加了受眾喜歡的結帳方式，短短的 3 個小時，主力商品組合全部賣光光！我與窗口瞪目結舌……沒兩天，大家都開始去領貨，完成訂單的速度飛快！我也不用在後台，忙著解決下單匯款的問題了。

　　小店鋪靈活，小店鋪機動！就像尖峰時刻的馬路，汽車還在塞車的時候，機車已經遙遙領先了。

▶▶ 機動的服飾攤主給我的啟發

　　我以前搭捷運通勤，常看到許多賣服飾的流動攤商，常常背著幾卡皮箱，推著拉桿，就地在服飾店前面做起生意。我好奇的走過去，看看他們怎麼賣東西。原來，他們知道這幾家韓服店生意很好！進來的顧客不少，他們就去找了相似風格的產品，店面人潮多的時候，有些顧客必須在店前排隊，就會先逛逛他們的攤位。小攤商多半很親切！只要看看你身上的風格，就能拿出好幾件給你挑選。我看看店裡店員，年輕漂亮，卻是站在一旁等顧客發問才上前去接待。

　　轉眼間，小攤商就賣出一袋袋衣服，顧客買到產品也沒那麼想逛服飾店了。當人潮漸少，離我最近的一攤是個年紀相仿的店主，開始主動跟我聊天，我不由的佩服她的積極與親切，雖然沒開口主動銷售，也讓我駐足在攤前，讓不少路過的女性又聚集過來。「賺錢事小，我就是喜歡聊天。」她告訴我，之前在高級服飾店工作，因為規定太多，主管一直盯著業績，壓

力很大，讓她很難好好了解顧客，就必須馬上進入銷售，讓她做的很綁手綁腳。「有一個自己的小店不是很好嗎？未來我就想要開一家小店，能盡情地跟客人聊天那種。」我還發現，她在架子下包了幾袋貼著名字與電話的衣服。

「這是我客人的，提著去逛街多不方便！他們都會先留喜歡的款式，等到他們逛回來再來付錢拿貨啊！」我問他如果客人沒回來付錢怎麼辦？「很少很少啦！通常都是逛到忘記！過幾天又跑回來買，如果真的不要了，我就再賣掉就好啦！」她的樂天與豁達，讓我喜歡上跟她買衣服，直到她離開台北回南部前，偶爾路過攤前碰到面，她總是會招呼我名字，熱情的與我揮手。這還變成我習慣選擇走那條路的原因，因為有一段愉快的回憶呢！（笑）

▶▶ 從小店開始磨練是最佳路徑

小店鋪很容易創造出這樣的記憶點與互動，在銷售上是非

常強而有力的優勢。這點是大流量的經營者較難做到的,光是後台的訊息,每天鋪天蓋地的進來。除非是經營很久,從小做起的大店鋪。不然,面對那麼多的受眾,很難一一記住,也無法親自經手每個訊息。

大多單靠一個人無法顧及時,就會轉型成「團隊」或是「公司」來幫忙操作。雖然大店鋪做得好,收益與知名度是很可觀的,每個月攤銷的人事與成本也不少。先從做小店鋪來練功,做出自己的心得,要不要做大其實不是必然的,像我這樣,享受著小店鋪的樂趣與溫暖,也能同時做出一番成績,不就是極容易開始的創業啟蒙嗎?

01

開展更多元的合作及收入

前面提到過，與經紀人合作前，考慮了半年之後才決定合作。當然，有經紀人主動提出邀約，內心有種備受肯定的喜悅（嗯？那為什麼還要想半年呢？這是難能可貴的機會耶！）然而站在社群經營者的立場，當時內心是有些顧慮的。因為合約對我來說，意義非同小可。我還記得經紀人跟我說：「當時我一度很生氣，怎麼有人要想那麼久？」哈哈！是不是怕她把我賣掉？（笑）

我的想法是這樣的。家母開店做過生意，從小就千叮萬囑我，只要是合約！就要看清楚想清楚，如果簽下去，就表示兩方同意！不能隨便反悔違約。與其說，我怕吃虧？倒不如說，**我必須想清楚未來幾年的規劃中，需不需要經紀人來幫忙？有什麼構想是必須組**

隊完成的，我比較擔心自己不是經紀人想簽的人，先釐清各自的想法再合作，透過溝通確認共識，是較負責的做法。

▶▶ 想清楚自己想要的最重要

　　如果當前社群的狀態以及收入，沒有太大的變動，穩穩地做就好！那我認為自己操盤是最能按照自己的想法發揮的。畢竟，社群經營最是仰賴經營人的風格與魅力，這是沒有他人可以取代的。要是個人已經做到得心應手、駕輕就熟，我認為是不需要經紀人的。當經驗值與受眾累積到一定的高度時，只要考慮要不要做自己的團隊或公司化就好。

　　其實，除非是名人或藝人，或是有什麼特別占上風的優勢？否則，經營社群這條路上，很難與經紀人碰頭。通常我們都是從有興趣，再開始著手創立、經營，另一個有想法的人，實在很難介入經營者與受眾之間。若不是朋友的介紹，以我的流量情況是不可能有經紀人的，唯一打破既有觀念的潘籬，全靠我

具備的美妝知識與講師經驗，還有社群裡受眾的喜愛。

▶▶ 善用自己的特質，靠實力創出一片天

在就職的這些年裡，從銷售（櫃姐）到技術者（彩妝師），再到管理者（店長）與教學（講師），是不斷從多方面累積經驗，再去實行得到心得，歸納整理後變成經驗，再交給跟我一樣想要踏上這個道路的人。

當我剛踏入專櫃做業績時，完全不懂如何做業績。「為什麼只有公司規範，卻沒有什麼櫃務與業績教科書？」做櫃務與業績不是維繫這份工作的重點嗎？主管卻告訴我：「通過試用期，之後上課自然會教你怎麼賣東西還有做櫃務。」當時，我聽了滿頭問號百思不解，不會做櫃務寫報表，只能做打掃、補貨之類的小差事。不了解櫃檯運作，又不知道怎麼做業績，我有可能通過 2 個月的試用期嗎？（實在是相當矛盾喔？）要不是我做不出業績時，主管捨不得解雇我，也不會碰巧有了後續

的發展,在品牌一展長才吧!哈哈。

　　對於自媒體與社群的工作,是不是覺得與演藝事業很像?要紅就得要靠點好運?比起早期打造藝人,必須包裝得符合市場優勢,自媒體多了自由不受限的發想,到頭來最了解自己的人,還是自己啊!善用自己的特質與專長,比起運氣,更需要「憑實力」,而不是由受眾決定你的價值,而是率先創造出價值,讓受眾追隨跟進。**自媒體時代的工作方式,取決於你所展現的與規劃,分享中帶來商業合作,工作帶來收入,當生活的累積能轉化成收入,在家也能把興趣變工作。**

▶▶ 每個人都能進入的社群經營

　　像我們唸書到了畢業時,要先做職涯規劃,確認自己的未來該往什麼方向前進?從事社群媒體經營,更需要這樣的方式,來檢視與構思自己的工作。比如說,喜歡說話與表達的我,從網路上寫文到出書,從直播到被邀約至主持推廣活動,做料理

到上節目示範烹飪，工作拓展至活動區塊，其實，做自媒體也
能走出螢幕框框。

　　它是個順應潮流而不斷變化的行業，尤其是作為一份工作，
就必須要知道自己的道路，前面是通往哪裡？而不是茫然前進，
多點準備也能讓自己多點不一樣的新視野。在自媒體的社群世
界裡，是時代的新趨勢，無論工作或是生活，都是緊密相關的，
同時，發展性可以「由虛轉實」或「有實有虛」。讓既有的時間，
延伸出多個方向產生的收入，從原本的流量收入，在得到商業
活動與代言，甚至到線上課程或是講座！

　　我看過許多的報導，不少年紀輕輕就經營有成的自媒體人，
所累積的年收入是非常可觀的。**無論各位朋友，您對於社群的
經營，保持著何種想法？都鼓勵大家開創個屬於自己的平台，
從中感受「經營」與「分享」的樂趣**，有開始才有無限的可能性，
網路社群的世界，等著您前來探索。

你是帶風向還是
被風向帶著走？

　　無論我們的身分是網路使用者，還是擁有影響力的社群經營者，都要記得，對於自己不了解或未查證的事情，切勿妄然下評論。也許說者無意，聽者卻有心，而一句話的效益，會引發多大的擴散與力道，這都是未能預測的。

▶▶ **網路言論，可造勢也會傷人**

　　唸書時，隔壁系有個漂亮女孩，擅長舞蹈，還受邀上過電視節目。個性活潑、表現亮眼的她，很快就吸引了一群同學幫她創了一個網路社群（類似現在網路後援會社團），剛開始社群上一切和樂融融，她如明日之星般指日可待，連我偶爾在校

內看見她的風采，都會忍不住會回頭多看她幾眼。

　　過了一個學期，我上了堂選修課，在教授進教室前，聽到旁邊的同學議論著：「你知道那個有上過節目的女生嗎？」「她休學了。」我內心驚訝的想，到底發生什麼事了？隔天，班導才神色凝重的告訴我們，網路上的輿論，導致她情緒不穩定，家人擔心她的心理狀態，於是辦了休學在家靜養。至於事件的起頭發生什麼事情，眾說紛紜！也沒有人可以確實說出整個事件得始末，看似就要這樣不了了之了。就這樣讓一個青春正好的女孩，承受不了抨擊，這些網路言論是有多可怕？

▶▶ 散布網路謠言，會有法律責任的

　　班上有個同學，在網路上看到有關她的訊息，知道事情開始於她參加節目才藝競賽勝出，對手的支持者就在社群中，指她會贏得比賽是因為與單位製作有私人關係，才得到節目的內定得勝。也不過就是幾則她在節目表演的花絮，就讓大家繪聲

繪影的認定。即使是一個表情、一句話，都被大肆渲染。從留言中看到不帶善意的留言，感覺就像刀鋒利刃直劃心裡。

　　我們連留言都沒辦法逐一看完。這件事從節目的幾個互動畫面到後續失控發展，以及不堪入目的指責辱罵，都是對一個年輕的大學女生做出的嚴厲批判。我心想「她到底犯了什麼錯？」就連那些原本支持她的同學，怎麼也被風向帶走，成為辱罵她的一員，看在當事人的心中會有多煎熬多難過。

　　不過，發表不當言論，無心的逞快，可能會讓你吃上官司。**網絡裡的發言，是行走於路上的足印，凡走過必會留下痕跡。因此，當一件事情尚未查證前，千萬不要擅自評斷！**

▶▶ 謠言無所不在，謹慎確認不可少

　　再舉個之前發生在我邊，令人啼笑皆非的事。就是群組曾經人人瘋傳的「衛生紙缺貨」事件！大家都在說國際原物料短

缺，衛生紙會瘋狂漲價，供不應求！穎爸看了就跟我說：「要趕緊囤貨喔！看哪裡有貨就趕快買起來。」我一頭霧水的跟他說：「國際原物料上漲？國際媒體沒有說紙漿短缺，要調漲啊？」他就把好幾個群組分享的新聞打開給我看。「妳看！又不是我在講，新聞都有寫。」但家裡衛生紙庫存仍足夠，我就沒有理會他。但是去超市時，確實看到許多民眾，推車上堆滿衛生紙，衛生紙貨架也空無一物，甚至連廚房紙巾也被搶購一空。

「新聞就有說，妳還不相信。」我跟穎爸說再等幾天看看，國際上沒有這樣的新聞，若是有早就宣布了！衛生紙之亂從一週內的全民瘋搶，再隔一週，我家附近超市又補貨上架，看起來熱潮已經衰退了。搶最兇的時候，衛生紙都不打折，大家還買成一團！1個月後，幾個牌子默默掛上促銷立牌，我才順手買了1串。

這還不只一次呢！下個月又出現搶購雞蛋的新聞，這回穎

爸學乖了！他還會跟我説：「這個是假的啦！」事出必有因嘛！當然不是説新聞都假的，是看到的當下，不要馬上被資訊的風向帶走，多多「停、看、 聽」，也要提醒家人，切莫看到訊息就相信且轉發，轉多了，眾説紛紜，看起來就像真的！**多一分確認，少一分損失！寧缺要慢，謹慎行事。**

▶▶ 詐騙招數多，自媒體人更要自律

　　然而，最怕的就是亂成一團時，詐騙也來了！我常在網路書店訂書，某天看到一則簡訊傳來，説我的資料外洩，要我點選連結趕緊更改，我打了客服電話詢問，才知道這是最新的詐騙手法！見我不理會，隔幾天又有聲稱是網路書店的人員，打電話來要跟我核對資料，説要幫我解除設定錯誤的網路付款！但是，最令我哭笑不得的是：「不好意思，我是用貨到付款噎！」對方聽了馬上氣得罵了一句，掛我電話。**無論是網路謾罵，還是假消息滿天飛或是詐騙橫行！這都是要非常小心應對提防的，只要是涉及個人資料或是金融帳戶，務必要確實查證清楚。**

　　也許你會想，詐騙與假消息，跟社群經營有什麼關係呢？**要是你分享的資訊，常常都是不符合實際狀況的消息，這樣一來，就會容易造成受眾的疑慮，在判斷時事正確度方面，受眾對你的信任感也會降低。** 再來，詐騙無所不在，被騙而造成傷害或損失的消息層出不窮，新聞上也曾看到藝人或是自媒體人，誤信了什麼詐騙手法，連自己的受眾也跟進被騙！若明白自身是帶有影響力的，在第一線把關或是判斷是非時，不多小心謹慎，不只是成為歹人眼中的肥羊，更是帶領一群人迷途的領頭羊。

　　屆時，再多的後悔與抱歉也於事無補。**為受眾的安全著想，也是公眾人物該具有的社會責任！不要帶頭做負面的行為示範，更不能讓受眾承擔不必要的風險。** 遇到事情，記得要先查證確認，再放上社群布達，才不會讓自己成為被風向帶走的冤大頭，吃上官司或是招惹上麻煩，就得不償失了。

03

態度決定
個人品牌的樣貌

♥ ⬜ ◹ 🔖

　　當我從經營社群開始到接到工商邀約，做出幾個合作案後，開始有品牌因為曾經做了某一個合作案，他們看了很喜歡！尤其是同性質的競品，更喜歡從有類似合作經驗的自媒體者中，找未來合作的人選名單。

　　其實，如果素材做得好，文案也寫的吸引人，品牌就會額外再給予費用，用這篇內容作為廣告，在指定的平台上曝光，達到更有效的推廣。半年後，陸續就有許多類似品牌，對我發出合作邀約，原因不外乎就是看過這個廣告。

▶▶ 對廠商和對受眾一樣真心

　　但是要轉換合作廠商，我必須確認它在我心中，勝過原本合作的品牌。這之間的取捨是有點難拿捏的，作為美妝類的意見領袖，總是要多嘗試其他的產品，才能比較得出優缺點。其中，我對一個有機品牌很有好感，成分天然單純，小朋友使用後也很喜歡！我決定還是向最先合作的朋友，明確告知我的想法。她聽了先是驚訝，接著告訴我說：「沒想到，妳會告訴我這件事。」

　　對於業界的工商合作接案，要與誰合作，都是品牌與社群經營者溝通協調好，訂定工作契約就好。即使這個舉動有些唐突，還是想讓她知道我的想法。「沒關係！有妳與我說明，我當然可以接受，希望未來我的品牌，還是你的合作選擇。」猶如給身邊朋友的一貫印象，工作或是回答問題時，我就會特別上心與認真。還有一次，在髮廊洗頭髮時，美髮師只是恰好詢問我怎麼選擇保養品？我就從洗頭到吹整完畢，淘淘不絕的跟她說明了 1 個小時。只要有關專業或是責任，就無法馬虎或帶

有一點敷衍，穎爸都笑稱，我是名符其實的偏執狂。

▶▶ 執著就是我的個人品牌

　　除了品牌，受眾朋友們也對我的執著印象相當深刻，哈哈！（經紀人對於我半夜回群組裡受眾好友們的訊息，已是習以為常。）只要有問題沒有回覆，就覺得事情沒有做完，雖然她提醒過我，要讓自己休息。可能自己不覺得這是工作吧！因為做自己喜歡的事情，即使忙也樂在其中！

　　有許多著作的創業訓練師提姆克拉克（Tim Clark）曾表示，夢幻的工作很少是透過傳統求職方式得來的，他們更多是「創造」出來的，而不是找到的，要有這樣的創造，需要很深入的自我認識。

　　安排工作時，為了能夠顧好合作案的運作，我堅持一次只能專心做一個案子。從圖文的解說，再搭配直播的示範，藉由

這份執著，使得品牌與受眾對我印象深刻，也意外發現自己滿適合做民生用品或專業度較高的產品。

有次要賣的產品是氣炸烤箱，我依照自己家廚房的空間，挑選了有別於市售的上掀款，為了這款新式設計，我告訴品牌需要兩個月以上的時間才能合作，當時的窗口聽了很錯愕，為什麼要那麼久才可以合作？我說：「如果沒有弄懂每一種功能與特性，實際操作過料理效果與功能，我就沒辦法好好的展現給受眾知道，我是為何選擇貴司的產品，推薦給他們的。」當我準備好，熟練的展現烤箱的操作時，讓我在同期開團中，創下讓品牌很滿意的成績，這樣一來，不就能好好地向品牌與受眾交代嗎？

▶▶ 堅持原則才能獲得信賴

這樣的龜毛也讓大家規避了許多問題，有一次在示範電子壓力鍋時，就在直播上，才使用不到幾次的產品，居然發生了

故障，但是前面幾次使用狀況都很好。當下我就告訴受眾，先暫停購買，讓我先與品牌確認故障原因，再另行通知大家是否再開團。即使有受眾告訴我，有故障再修理就好了。我還是不願意抱持著疑問，將產品推銷給他們。最後品牌告訴我，這批號的產品確實好像故障率比較高。送修後還是陸續有不穩定的狀況，於是我主動提出解除合作，雖然品牌仍持續說服我，另有其他產品可以選擇，但自己都踩雷了，怎麼還能拉大家一起冒險咧？**因為堅持原則，不貿然合作，反而得到品牌與受眾的信任感。**

　　工作與經營都是長久的，即使在疫情期間，許多合作都受到影響，許多朋友都困擾著自己面臨待業休市，這頭怎麼忙個不停？工作與邀約都很穩定，好像未受影響。**其實我也推掉很多案子，只保留喜歡與肯定的產品做，做久了大家也明白了，最好的個人品牌，靠的是口碑，是每一個環節都認真看待，所創造的成果。**

04

善用圖片、部落格、
直播與短影音

我一開始是在 FB 成立粉專的，如果一樣是「從 0 開始」搭建社群的朋友，要怎麼善用工具，讓自己的平台面貌更多元呢？

▶▶ 圖片，最基礎最重要的視覺元素

首先，圖片搭配文章，是社群最起始的樣貌，圖片掌管的是視覺，在受眾滑開手機點開內容時，多是快速的瀏覽，有興趣的才會停下來，進而點選內容查看。所以，要如何引起置身於瞬息萬變資訊中的受眾們的注意呢？在有限的停留時間內，圖片的選擇就很重要！在發文前可以先檢查，能呈現在版面上的圖片有哪幾張？選得好就可增加瀏覽率，讓你悉心撰寫的內文能被點開，進而有被閱讀的機會！**但是也不要為了「博收視**

率」使用太過圖文不符、只為了引起注意的照片。除非，你的
內文搭配得相當絕妙，整體呈現富有巧思，不然，**絕對不要使
用圖片「騙流量」**。要是換成你，被拐進來看了毫不相干的文章，
難到不會產生「浪費時間」「我看了什麼」的莫名感嗎？

　　當然，如果受眾喜歡你的逆向操作也是可行啦！但這裡說
的都是大原則，需要盡量避免的狀況。久而久之，重視內文的
受眾，頂多看看照片就會跳開了，對於沒有被點閱的內文，就
形同虛設一般，浪費自己的心力，也浪費了他人的時間。若是
要幽默或是博君一笑，就看經營者與受眾培養出的默契啦！讓
受眾了解你的風格與獨特，要是做得好也是很厲害的！！

▶▶ 部落格，是外部連結的好工具

　　如果是特別喜歡寫作的朋友，生活靈感信手捻來就能成篇！
部落格就是你外部連結的好工具了！一開始，如果只是嘗試練
習，可以使用免付費的平台，我在粉專經營穩定後選擇再多做

一個部落格，主要是站內的瀏覽量大，如果文章寫得不錯，很容易被關鍵字搜尋到！尤其是美食文或是開箱文這類的輔助文章，若你是某方面的小專家，就可以訂定個自己有興趣或擅長的主題，**同時在主頻道（FB）與免費網站，一起發文！這樣一來較省時省力，也可以增加流量。**

　　我會在部落文章上，順道貼上自己的粉專網址，讓搜尋瀏覽到的朋友，可以跨到 FB 這邊來。部落格與臉書的區別就是，部落格的受眾大多都喜歡看圖文，來得到自己需要或是喜歡的資訊！所以，如果要介紹文字量較大，圖片較多的事物，就在部落格上寫好，再複製貼上到臉書，下個清楚易懂的標題，就可以讓臉書的朋友點閱部落格文章，讓兩方的社群平台互相支援、相互串流！比起部落格來說，粉專上的受眾是比較穩定的，但部落格會有因搜尋主題而點閱到你的文章，進而追蹤你的外來受眾。**多學會一個工具，就能打開自己能見度與增加更多元的合作方式。**

▶▶ 直播，最富感染力的影像工具

說到直播，前面提到過是公婆鼓勵我嘗試的。其實，它跟做「節目」的概念很像，在外頭拿著穩定器架著手機，可以拍旅遊行腳或是活動介紹！在家放在腳架上，就像在棚內做現場節目，無論是聊天、表演還是做生意，它就是個更直接而且富有感染力的媒體工具。如果你是不怕鏡頭的人，熱愛表現也不容易怯場！平時就是談笑風生，說話有趣，就非常適合用直播來展現自己的特色。

直播的長度，最好抓在 1 小時左右，內容明確有重點，避免時間太長，失去焦點。在直播前，可以先規劃好 1 小時的內容，要安排先什麼？上播時可以先打招呼，和先進來的受眾們寒暄，待受眾的人數差不多後，再漸入主題，才不會有後續進來的受眾，因為錯過前面的片段，而不清楚現在進行到哪裡的困擾？若是後續還有受眾進來，也不要影響正在進行的節奏與內容，若是有受眾提問，大概簡明的提過即可！

　　重點要控制在 30～40 分鐘左右說完尤佳，才不會有拖戲的疲乏感。若有受眾錯過前面的部分，可以建議他們下播再回看前段，不要打斷正在進行的部分，或是跳回前面再講解一次。若掌控不到內容的順序，很容易會讓觀看的受眾產生錯亂感，進而失去節目的精彩度，就太可惜了。

　　再來，直播到收尾的時候，記得要乾脆俐落的與受眾說聲：「節目要結束了！」若還有受眾提出問題，可以告知再回答幾個問題就要下播了。挑選重要的問題做重點回答，也可以同時與大家說明下次直播的時間，才不會找不到結束的時間點，待在網上下不來！**記得，身在直播就像是主持人，手握主持棒就要引導大家跟著節目程序走，不要反而丟失了主持權，讓節目偏離了主題與時間喔！**

▶▶ **影片或短語音，最直接最生動**
　　影片或是短影音平台，例如：YouTube 與 TikTok，可從影

片的長短與內容，呈現或策劃出要表達的主題，影像的氛圍感與體題的點播，是直接也更生動的。不過，影片製作的剪輯與設備，對沒有經驗的朋友來說，並沒有那麼容易快速上手。近來，短影音的收看節奏快，只要有錄影功能，就能容易產出影音作品，是想要嘗試影音工具，較容易入門的選擇！當然如果剪輯能力好，拍攝細緻度夠細膩，呈現的視覺效果最引人入勝！

　　無論各位朋友選擇在什麼平台開始，或後續串連什麼工具！只要堅持做喜歡的分享與內容，相信你在社群平台的經營旅程中，會有許多意想不到的收穫！帶著一顆快樂的冒險之心，動手展開屬於自己的旅程吧，身為社群經營者的一分子，我期待能與各位朋友交流唷！

　　最後，蕾可祝福大家在網路與自媒體的世界，能帶著愉快的心情，開心暢遊，收穫滿滿！

年收百萬自媒體經營術：

一個人也能成功創業！

作　　　　者　蕾可 Reiko
攝　　　　影　艾肯攝影工作室 鄧正乾
妝 髮 造 型　李孟真（小豬）
藝 人 經 紀　吉帝斯整合行銷工作室 任月琴
責 任 編 輯　周湘琦、徐詩淵
封 面 設 計　季曉彤
內 頁 設 計　潘大智
行 銷 企 劃　吳孟蓉
副 總 編 輯　呂增娣
總 　 編 　 輯　周湘琦

董 　 事 　 長　趙政岷
出 　 版 　 者　時報文化出版企業股份有限公司
　　　　　　　108019 台北市和平西路三段 240 號 2 樓
發 行 專 線　(02)2306-6842
讀者服務專線　0800-231-705　(02)2304-7103
讀者服務傳真　(02)2304-6858
郵 　　　 撥　19344724 時報文化出版公司
信 　　　 箱　10899 臺北華江橋郵局第 99 信箱
時 報 悅 讀 網　http://www.readingtimes.com.tw
電子郵件信箱　books@readingtimes.com.tw
法 律 顧 問　理律法律事務所　陳長文律師、李念祖律師
印 　　　 刷　華展印刷有限公司
初 版 一 刷　2023 年 02 月 10 日
定 　　　 價　新台幣 430 元

（缺頁或破損的書，請寄回更換）

年收百萬自媒體經營術：一個人也能成功創業！/
蕾可 Reiko 著 . -- 初版 . -- 臺北市：時報文化出
版企業股份有限公司, 2023.02 面；　公分
ISBN 978-626-353-320-2(平裝)

1.CST: 網路行銷 2.CST: 行銷管理 3.CST: 成功法

496　　　　　　　111020736